#빠르게
#상위권맛보기
#2주+2주_완성
#어려운문제도쉽게

초등
일등전략

KB087931

Chunjae
Makes
Chunjae

▼

[일등전략] 초등 수학 4-1

기획총괄   김안나
편집개발   이근우, 김정희, 서진호, 김현주, 최수정,
               김혜민, 박웅, 김정민, 최경환
디자인총괄 김희정
표지디자인 윤순미, 심지영
내지디자인 박희춘, 이혜미
제작   황성진, 조규영

발행일   2022년 12월 1일 초판 2022년 12월 1일 1쇄
발행인   (주)천재교육
주소   서울시 금천구 가산로9길 54
신고번호   제2001-000018호
고객센터   1577-0902

21 사각형 안에 있는 각의 크기 구하기

사각형에서 ㉠의 각도를 구하시오.

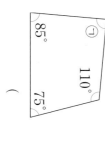

( )

핵심 기억해야 할 것

사각형의 네 각의 크기의 합은 360°입니다.

풀이

사각형의 네 각의 크기의 합은 ❶ 이므로 ㉠+85°+75°+110°=360°입니다.

따라서 ㉠=360°-85°-75°- ❷ =90°입니다.

답 ❶ 360 ❷ 110

사각형의 네 각의 크기의 합이 360°임을 이용하면 나머지 한 각의 크기를 구할 수 있어요.

정답 90°

---

22 사각형 밖에 있는 각의 크기 구하기

도형에서 ㉠의 각도를 구하시오.

( )

핵심 기억해야 할 것

• 사각형의 네 각의 크기의 합은 360°입니다.
• 직선이 이루는 각도는 180°입니다.

풀이

사각형의 네 각의 크기의 합은 360°이므로 70°+100°+ ❶ +㉡=360°,

㉡=360°-70°-100°-90°= ❷ 입니다.

직선이 이루는 각도는 180°이므로 ㉠+㉡=180°, ㉠+100°=180°,

㉠=180°-100°=80°입니다.

답 ❶ 90 ❷ 100

정답 80°

20 삼각형 밖에 있는 각의 크기 구하기

도형에서 ㉠의 각도를 구하시오.

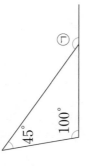

핵심 기억해야 할 것
- 삼각형의 세 각의 크기의 합은 180°입니다.
- 직선이 이루는 각도는 180°입니다.

풀이

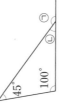

삼각형의 세 각의 크기의 합은 180°이므로 45°+100°+ㄴ=180°,

ㄴ=180°-45°-100°= ① °입니다.

직선이 이루는 각도는 ② °이므로 ㉠+ㄴ=180°, ㉠+35°=180°,

㉠=180°-35°=145°입니다.

정답 145°

답 ① 35 ② 180

---

23 각도 비교하기

큰 각도부터 차례로 기호를 쓰시오.

| ㉠ 180°-60° | ㉡ 80°+35° | ㉢ 28°+86° |

핵심 기억해야 할 것
- 각도의 합은 자연수의 덧셈과 같이 계산한 후 단위(°)를 붙입니다.
- 각도의 차는 자연수의 뺄셈과 같이 계산한 후 단위(°)를 붙입니다.

풀이

㉠ 180°-60°=120°

㉡ 80°+35°= ① °

㉢ 28°+86°= ② °

➡ ㉠ 120°>㉡ 115°>㉢ 114°

답 ① 115 ② 114

정답 ㉠, ㉡, ㉢

각도를 모두 구한 후 큰 각도부터 차례로 기호를 쓰세요

삼각형 안에 있는 각의 크기 구하기

삼각형에서 ㉠의 각도를 구하시오.

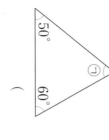

( )

핵심 기억해야 할 것

삼각형의 세 각의 크기의 합은 180°입니다.

풀이

삼각형의 세 각의 크기의 합은 180°이므로 ㉠+50°+60°=❶ $\boxed{180}$°입니다.

따라서 ㉠=180°-50°-❷ $\boxed{60}$°=70°입니다.

답 ❶ 180 ❷ 60

삼각형의 세 각의 크기의 합이 180°를 이용하면 나머지 한 각의 크기를 구할 수 있어요.

정답 70°

똑같이 나누어진 각의 크기 구하기

직각을 크기가 같은 5개의 각으로 나누었습니다. 각 ㄱㅇㅁ의 크기는 몇 도인지 구하시오.

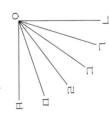

( )

핵심 기억해야 할 것

종이를 반듯하게 두 번 접었을 때 생기는 각을 직각이라고 합니다. 직각은 90°입니다.

풀이

직각(90°)을 똑같이 ❶ $\boxed{5}$개의 각으로 나누었으므로

(각 ㄱㅇㄴ)=90°÷5=18°입니다.

각 ㄱㅇㅁ의 크기는 각 ㄱㅇㄴ의 크기의 4배입니다.

⇒ (각 ㄱㅇㅁ)=(각 ㄱㅇㄴ)×❷ $\boxed{4}$=18°×4=72°

답 ❶ 5 ❷ 4

정답 72°

18 각도의 합 구하기

가장 큰 각도와 가장 작은 각도의 합을 구하시오.

| 132° | 65° | 49° | 87° |

핵심 기억해야 할 것

각도의 크기를 비교하여 가장 큰 각도와 가장 작은 각도를 구한 후 두 각도의 합을 구합니다.

각도의 합은 자연수의 덧셈과 같이 계산한 후 단위(°)를 붙입니다.

풀이

각도의 크기를 비교하여 큰 각도부터 차례로 쓰면 132°, 87°, ① °, ② °이므로

가장 큰 각도는 132°이고, 가장 작은 각도는 ③ °입니다.

따라서 가장 큰 각도와 가장 작은 각도의 합을 구하면 132°+49°=181°입니다.

답 ① 65 ② 49 ③ 49

각도의 크기부터
비교해야 해요.

정답 181°

---

25 크고 작은 둔각의 수 구하기

그림에서 찾을 수 있는 크고 작은 둔각은 모두 몇 개입니까?

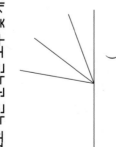

핵심 기억해야 할 것

각도가 직각보다 크고 180°보다 작은 각을 둔각이라고 합니다.

각 1개, 2개, 3개, 4개로 이루어진 각을 모두 확인하여 둔각을 찾습니다.

풀이

각 1개로 이루어진 둔각: ④ ⇨ ① 개

각 2개로 이루어진 둔각: ①+② ⇨ 1개

각 3개로 이루어진 둔각: ①+②+③ ⇨ ② 개

따라서 찾을 수 있는 크고 작은 둔각은 모두 1+1+1=3(개)입니다.

답 ① 1 ② 1

정답 3개

17 예각과 둔각 분류하기

예각은 모두 몇 개인지 구하시오.

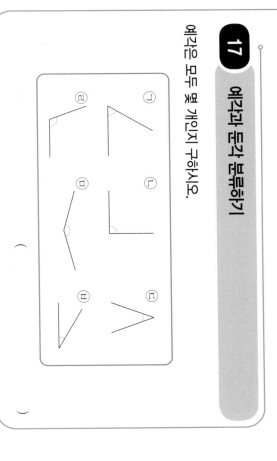

( )

풀이

각도가 0°보다 크고 90°보다 작은 각 모두 찾으면 ㉠, ❶ , ㉰입니다.

따라서 예각은 모두 ❷ 개입니다.

답 ❶ ㉢ ❷ 3

정답 3개

---

26 도형의 한 각의 크기 구하기

도형 안에 있는 각 5개의 크기는 모두 같습니다. ㉠의 크기를 구하시오.

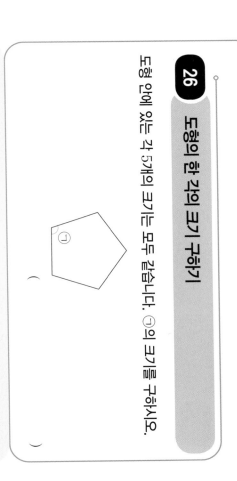

풀이

도형의 한 꼭짓점에서 다른 꼭짓점에 선분을 그으면 삼각형 ❶ 개로 나누어집니다.

(도형 안에 있는 5개의 각의 크기의 합)=180°×3=540°

➡ ㉠=540°÷ ❷ =108°

답 ❶ 3 ❷ 5

정답 108°

16 □가 있는 수의 크기 비교하기

□ 안에 0부터 9까지의 어느 숫자를 넣어도 됩니다. ㉠과 ㉡ 중에서 더 큰 수의 기호를 쓰시오.

㉠ 14□95683
㉡ 1407□159

핵심 기억해야 할 것

자리 수가 같으면 □ 중에서 가장 높은 자리에 있는 □를 넣어 보고 ㉠과 ㉡의 크기를 비교합니다.
□ 안에 9를 넣어도 작으면 0부터 9까지의 어느 숫자를 넣어도 항상 작은 수입니다.
□ 안에 0을 넣어도 크면 0부터 9까지의 어느 숫자를 넣어도 항상 큰 수입니다.

풀이

먼저 자리 수를 비교하면 ㉠과 ㉡ 모두 8자리로 같습니다.
□ 안에 0을 넣은 후 크기를 비교합니다.

㉠ 1 4 **0** 9 5 6 8 3
㉡ 1 4 **0** 7 **0** 1 5 9
⇧ ❶ > ❷

㉠의 십만의 자리에 0을 넣어도 ㉠이 더 크므로 □ 안에 0부터 9까지의 어느 숫자를 넣어도 ㉠>㉡입니다.

답 ❶ ㉠ ❷ ㉡

□ 안에 어느 숫자를 넣어도 항상 같은 결과인지 확인해 보세요!

정답 ㉠

---

27 도형에서 각의 크기 구하기

다음 도형에서 각 ㄱㄴㄷ과 각 ㄹㄱㅁ의 크기가 같습니다. 각 ㄹㄷㅁ의 크기를 구하시오.

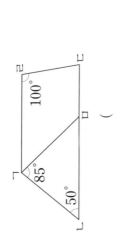

핵심 기억해야 할 것

· 삼각형의 세 각의 크기의 합은 180°입니다.
· 사각형의 네 각의 크기의 합은 360°입니다.

풀이

삼각형 ㄱㄴㄷ에서 (각 ㄱㄴㄷ)=180°-85°-❶□°=45°입니다.
각 ㄱㄴㄷ과 각 ㄹㄱㅁ의 크기가 같으므로 (각 ㄹㄱㅁ)=(각 ㄱㄴㄷ)=45°입니다.
사각형 ㄱㄹㄷㅁ의 네 각의 크기의 합은 360°이므로
(각 ㄹㄷㅁ)=360°-100°-45°-85°-❷□°=80°입니다.

답 ❶ 50 ❷ 50

정답 80°

15 바르게 뛰어 세기 한 수 구하기

어떤 수에서 100만씩 2번 뛰어 세어야 할 것을 잘못하여 1000만씩 뛰어 세었더니 4억 1000만이 되었습니다. 바르게 뛰어 세기 한 수를 구하시오.

어떤 수	100만	100만	?

(   )

핵심 기억해야 할 것
· 100만씩 뛰어 세면 백만의 자리 수가 1씩 커집니다.
· 100만씩 거꾸로 뛰어 세면 백만의 자리 수가 1씩 작아집니다.
· 1000만씩 뛰어 세면 천만의 자리 수가 1씩 커집니다.
· 1000만씩 거꾸로 뛰어 세면 천만의 자리 수가 1씩 작아집니다.

풀이
1000만씩 2번 뛰어 센 수가 4억 1000만이므로 어떤 수는 4억 1000만에서 1000만씩 거꾸로 2번 뛰어 센 수입니다.

4억 1000만 - 4억 - ❶ 의 9000만이므로 어떤 수는 3억 9000만입니다.

따라서 바르게 뛰어 세기 한 수는 3억 9000만에서 100만씩 2번 뛰어 센 수입니다.

⇨ 3억 9000만 - 3억 ❷ 만 - 3억 9200만

답 ❶ 3 ❷ 9100

정답 3억 9200만

28 직각 삼각자로 만든 각의 크기 구하기

두 직각 삼각자를 겹쳐 놓았습니다. ㉠의 크기를 구하시오.

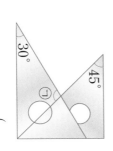

30° 45° ㉠

(   )

핵심 기억해야 할 것
· 직각 삼각자는 한 각이 직각인 삼각자입니다.
· 삼각형의 세 각의 크기의 합은 180°입니다.

직각 삼각자의 한 각의 크기는 90°예요.

풀이

30° 45°

㉡ = 180° - 30° - ❶ = 60°
㉢ = 180° - 45° - 90° = 45°
㉣ = 180° - 60° - ❷ = 75°
㉠ = 180° - 75° = 105°

답 ❶ 90 ❷ 45

정답 105°

14 수표로 바꾸기

48700000원을 100만 원짜리 수표와 10만 원짜리 수표로 모두 바꾸려고 합니다. 수표의 수가 가장 적게 바꾸면 수표는 모두 몇 장입니까?

핵심 기억해야 할 것

100만 원짜리 수표와 10만 원짜리 수표로 바꾸려고 하므로 주어진 금액을 100만이 ■개, 10만이 ▲개인 수로 나타낸 수표의 수를 구할 수 있습니다.

주의 수표의 수가 가장 적게 바꾸려면 금액이 큰 수표로 최대한 많이 바꿔야 합니다.

풀이

수표의 수가 가장 적게 바꾸려면 ❶ 만 원짜리 수표로 최대한 많이 바꿔야 합니다.
48700000은 100만이 ❷ 개, 10만이 7개인 수이므로 100만 원짜리 수표 48장, 10만 원짜리 수표 7장으로 바꿀 수 있습니다.
따라서 수표의 수가 가장 적게 바꾸면 수표는 모두 48+7=55(장)입니다.

답 ❶ 100 ❷ 48

100만 원짜리 수표로 최대한 많이 바꿔요.

정답 55장

---

29 시계의 두 바늘이 이루는 각 구하기

오전 7시 30분부터 오후 12시 30분까지의 시각 중에서 시계의 긴바늘이 12를 가리키고 긴바늘과 짧은바늘이 이루는 작은 쪽의 각이 예각인 시각은 모두 몇 번 있습니까?

핵심 기억해야 할 것

• 시계의 긴바늘이 12를 가리키는 시각은 ■시입니다.
• 각도가 0°보다 크고 직각(90°)보다 작은 각을 예각이라고 합니다.

풀이

시계의 긴바늘이 12를 가리키는 시각은 ■시이므로 오전 7시 30분과 오후 12시 30분 사이의 시각 중에서 긴바늘이 12를 가리키는 오전 ❶ 시, 오전 9시, 오전 10시, 오전 11시, 낮 12시입니다.

| 8시 (둔각) | 9시 (직각) | 10시 (예각) | 11시 (예각) | 12시 |

시계의 긴바늘과 짧은바늘이 이루는 작은 쪽의 각이 예각인 시각은 오전 ❷ 시, 오전 11시로 모두 2번 있습니다.

답 ❶ 8 ❷ 10

정답 2번

□ 안에 들어갈 수 있는 수의 개수 구하기

1부터 9까지의 수 중에서 □ 안에 들어갈 수 있는 수는 모두 몇 개인지 구하시오.

$$36469875 < 364\square 96100$$

(   )

핵심 기억해야 할 것

자리 수가 같은 큰 수의 크기를 비교할 때는 가장 높은 자리의 수부터 차례로 비교합니다.

풀이

3	6	4	6	9	8	7	5
3	6	4	□	9	6	1	0	0

두 수 모두 ❶ 자리 수를 자리 수가 같습니다.

□가 있는 자리를 기준으로 높은 자리의 수가 모두 같으므로 □가 있는 자리부터 낮은 자리를 살펴봅니다.

695 < □960이어야 하므로 □ 안에 들어갈 수 있는 수는 ❷ , 7, 8, 9로 모두 4개입니다.

답 ❶ 9 ❷ 6

정답 4개

접힌 종이에서 각의 크기 구하기

다음과 같이 직사각형 모양의 종이를 접었습니다. 각 ㄱㅁㄴ의 크기를 구하시오.

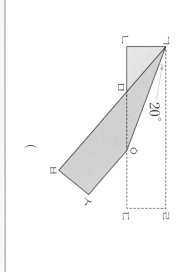

(   )

핵심 기억해야 할 것

• 종이를 접기 전의 부분과 접은 후의 부분의 각도가 같습니다.
• 삼각형의 세 각의 크기의 합은 180°입니다.

풀이

(각 ㅂㄱㅇ)=(각 ㄹㄱㅇ)= ❶ °

(각 ㄴㄱㅁ)= ❷ °-20°-20°=50°

삼각형 ㄱㄴㅁ에서 (각 ㄱㅁㄴ)=180°-50°-90°=40°입니다.

답 ❶ 20 ❷ 90

정답 40°

접기 전 부분과 접은 후 부분이 어느 부분인지 생각해 보세요.

12 수직선에서 ㉠에 알맞은 수 구하기

수직선을 보고 ㉠에 알맞은 수를 구하시오.

7억   ㉠   8억

핵심 기억해야 할 것

수직선에서 숫자 눈금 사이가 똑같이 몇 칸으로 나누어져 있는지 확인하면 눈금 한 칸의 크기를 구할 수 있습니다.

풀이

수직선에서 7억과 8억 사이가 똑같이 **❶** 칸으로 나누어져 있으므로 눈금 한 칸은

1억 ÷ 5 = 2000만을 나타냅니다.

㉠은 7억에서 눈금 3칸을 더 간 곳을 가리키므로 7억에서 2000만씩 **❷** 번 뛰어 세면

7억 → 7억 2000만 → 7억 4000만 → 7억 6000만입니다.

7억에서 얼마씩
5번 뛰어 세면 8억이
되는지 생각해
보세요.

답 ❶ 5   ❷ 3

정답 7억 6000만

---

31 도형을 밀었을 때의 도형 그리기

도형을 오른쪽으로 5 cm 밀었을 때의 도형을 그리시오.

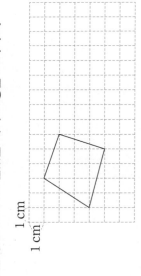

1 cm
1 cm

핵심 기억해야 할 것

도형을 어느 방향으로 밀어도 도형의 모양과 크기는 변하지 않습니다.

풀이

주어진 도형이 한 꼭짓점을 기준으로 오른쪽으로 **❶** cm만큼 이동한 점을 찾고 처음 도형과 똑같은 **❷** 과 크기로 그립니다.

1 cm
1 cm

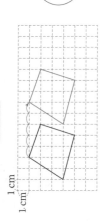

오른쪽으로
모두 5칸만큼 이동
한 도형을 그려요.

답 ❶ 5   ❷ 모양

정답

1 cm
1 cm

11 가장 큰 수 찾기

가장 큰 수를 찾아 기호를 쓰시오.

㉠ 4753849200000000
㉡ 4753조 9700만 9000
㉢ 사천칠백오십삼조 팔천구십팔억 삼천칠백만

( )

핵심 기억해야 할 것

수의 크기를 비교할 때는 자리 수가 같은지 확인하고, 자리 수가 같으면 가장 높은 자리의 수부터 차례로 비교합니다.

풀이

㉠ 4753849200000000 ⇨  조 3849억 2000만
㉡ 4753조 9700만 9000
㉢ 사천칠백오십삼조 팔천구십팔억 삼천칠백만 ⇨ 조 8098억 3700만
⇨ 4753조 8098억 3700만 > 4753조 9700만 9000 > 4753조 3849억 2000만
　　　　　㉢　　　　　　　　㉡　　　　　　　　　㉠

답 ❶ 475 ❷ 4753

억은 만보다 큰 수예요.

정답 ㉢

32 도형을 뒤집었을 때의 도형 찾기

오른쪽 모양 조각을 위쪽으로 뒤집었을 때의 모양으로 알맞은 것을 찾아 기호를 쓰시오.

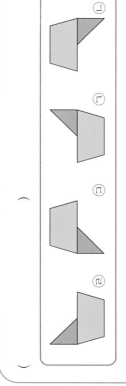

㉠ ㉡ ㉢ ㉣

( )

핵심 기억해야 할 것

· 도형을 위쪽 또는 아래쪽으로 뒤집으면 도형의 위쪽과 아래쪽의 방향이 서로 바뀝니다.
· 도형을 왼쪽 또는 오른쪽으로 뒤집으면 도형의 왼쪽과 오른쪽의 방향이 서로 바뀝니다.

풀이

모양 조각을 위쪽으로 뒤집으면 모양 조각의 ❶ 쪽과 ❷ 쪽의 방향이 서로 바뀝니다.
따라서 주어진 모양 조각을 위쪽으로 뒤집었을 때의 모양으로 알맞은 것은 ㉡입니다.

답 ❶ 위 ❷ 아래

정답 ㉡

33 도형을 돌렸을 때의 도형 그리기

왼쪽 도형을 시계 방향으로 180°만큼 돌렸을 때의 도형을 그리시오.

핵심 기억해야 할 것

도형을 시계 방향 또는 시계 반대 방향으로 180°만큼 돌리면 위쪽과 아래쪽의 방향이 서로 바뀌고, 왼쪽과 오른쪽의 방향이 서로 바뀝니다.

풀이

도형을 시계 방향으로 180°만큼 돌렸으므로 도형의 ❶ 쪽과 아래쪽의 방향이 서로 바뀌고, 왼쪽과 ❷ 쪽의 방향이 서로 바뀝니다.

따라서 그 도형을 그립니다.

답 ❶ 위 ❷ 오른

정답

---

10 모두 얼마인지 구하기

유진이와 경환이의 저금통에 들어 있는 돈은 각각 다음과 같습니다. 두 사람의 저금통에 들어 있는 돈은 모두 얼마인지 구하시오.

유진: 10000원짜리 지폐 3장, 1000원짜리 지폐 8장
경환: 10000원짜리 지폐 2장, 1000원짜리 지폐 11장

핵심 기억해야 할 것

- 10000이 ■개이면 ■0000입니다.
- 1000이 ▲개이면 ▲000입니다.
- 1000이 10개이면 10000입니다.

풀이

- 유진이의 저금통에 들어 있는 돈 구하기

10000이 3개: ❶ , 1000이 8개: 8000

⇨ 30000+8000=38000(원)

- 경환이의 저금통에 들어 있는 돈 구하기

10000이 2개: 20000, 1000이 11개: ❷

⇨ 20000+11000=31000(원)

따라서 두 사람의 저금통에 들어 있는 돈은 모두 38000+31000=69000(원)입니다.

답 ❶ 30000 ❷ 11000

정답 69000원

09 가로로 뛰어 센 수 구하기

규칙에 따라 뛰어 세었습니다. ♥에 알맞은 수를 구하시오.

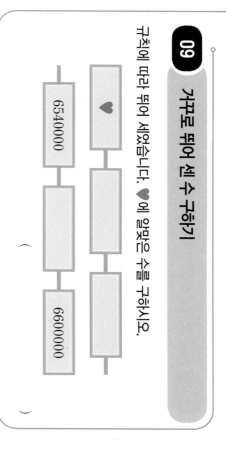

6540000

6600000

( )

핵심 기억해야 할 것

· 뛰어 센 규칙을 찾고 주어진 수부터 가로로 뛰어 세면 ♥에 알맞은 수를 구할 수 있습니다.

· 뛰어 세는 규칙이 ■만큼 커지는 규칙일 때, 가로로 뛰어 세면 ■만큼 작아집니다.

풀이

6540000에서 ❶ 만 뛰어 센 수가 6600000이고, 6600000은 6540000보다 600000 만큼 더 큰 수입니다.

따라서 60000 ÷ 2 = 30000씩 뛰어 세는 규칙이므로 ♥에 알맞은 수는 6540000에서 30000씩 거꾸로 ❷ 번 뛰어 센 수입니다.

⇨ 6540000 – 6510000 – 6480000 – 6450000

■만씩 뛰어 세면
만의 자리 숫자가
■씩 커져요.

답 ❶ 2 ❷ 3

정답 6450000

---

34 처음 도형 그리기

어떤 도형을 시계 방향으로 90°만큼 돌린 도형을 다음과 같습니다. 처음 도형을 그리시오.

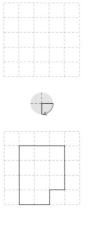

핵심 기억해야 할 것

처음 도형을 알아보려면 거꾸로 이동합니다.

돌리기 전의 도형을 알아보려면 돌린 방향은 반대로, 각도는 같게 이동합니다.

풀이

처음 도형은 움직인 도형을 ❶ 반대로 방향으로

❷ °만큼 돌린 도형입니다.

따라서 움직인 도형의 위쪽 부분이 왼쪽으로, 왼쪽 부분이 아래쪽으로 이동한 모양을 그립니다.

 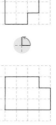

답 ❶ 반대 ❷ 90

정답

08 각 자리의 숫자가 나타내는 값이 몇 배인지 구하기

㉠이 나타내는 값은 ㉡이 나타내는 값의 몇 배입니까?

4985632 10347

㉡　㉠

핵심 기억해야 할 것

구하려는 숫자가 어느 자리의 숫자인지 알아봅니다.
㉠이 나타내는 값을 ㉡이 나타내는 값으로 나누면 ㉠이 나타내는 값이 ㉡이 나타내는 값의 몇 배인지 구할 수 있습니다.

풀이

4	9	8	5	6	3	2	1	0	3	4	7
		8	0	0	0	0	0				
					2	0	0	0	0		

→ ㉠이 나타내는 값
→ ㉡이 나타내는 값

⇨ 80000 ÷ ❷ = ❶ 00000이므로 ㉠이 나타내는 값은 ㉡이 나타내는 값의 40000배 입니다.

정답 40000배

답 ❶ 2 ❷ 4

㉠과 ㉡이 나타내는 값에서 뒤의 0을 같은 수만큼 지우고 나누면 몇 배인지 쉽게 알 수 있어요.

35 여러 번 뒤집은 도형 그리기

주어진 도형을 위쪽으로 7번 뒤집었을 때의 도형을 그리시오.

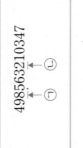

핵심 기억해야 할 것

도형을 같은 방향으로 짝수 번 뒤집으면 처음 도형과 같습니다.

풀이

위쪽으로 6번 뒤집은 도형은 처음 도형과 같으므로 위쪽으로 7번 뒤집은 도형은 위쪽으로
❶ 번 뒤집은 도형과 같습니다.

따라서 도형의 위쪽과 ❷ 쪽의 방향이 서로 바뀐 모양을 그립니다.

답 ❶ 1 ❷ 아래

도형을 2번, 4번, 6번, ... 뒤집으면 처음 도형과 같아요.

정답

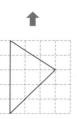

07 두 수에서 같은 숫자가 나타내는 값의 합 구하기

두 수 ㉠과 ㉡에서 숫자 3이 나타내는 값의 합을 구하시오.

㉠ 637298000 ㉡ 1500043456982

( )

핵심 기억해야 할 것

구하려는 자리의 숫자가 나타내는 값을 구하는 방법
① 구하려는 자리보다 높은 자리는 지웁니다.
② 구하려는 자리의 숫자는 그대로 씁니다.
③ 구하려는 자리 아래 자리의 수를 모두 0으로 바꾸어 나타냅니다.

풀이

• ㉠에서 숫자 3이 나타내는 값의 구하기

6	3	7	2	9	8	0	0	0	← ㉠
	3	0	0	0	0	0	0		→ 숫자 3이 나타내는 값

• ㉡에서 숫자 3이 나타내는 값의 구하기

1	5	0	0	4	3	4	5	6	9	8	2	← ㉡
					3	0	0	0	0	0	0	→ 숫자 3이 나타내는 값

⇨ 두 수 ㉠과 ㉡에서 숫자 3이 나타내는 값의 합은
3000 **①**0000 + 3 **②**0000 = 33000000입니다.

답 ① 0000 ② 00

정답 33000000

36 뒤집었을 때 처음 모양과 같은 것 찾기

오른쪽으로 뒤집었을 때의 모양이 처음 모양과 같은 알파벳을 모두 찾아 쓰시오.

A E H N U Z

( )

핵심 기억해야 할 것

• 도형을 오른쪽으로 뒤집으면 왼쪽과 오른쪽이 바뀝니다.
• 도형을 오른쪽으로 뒤집었을 때의 모양이 처음 모양과 같은 알파벳은 왼쪽과 오른쪽의 모양이 같은 알파벳입니다.

풀이

도형을 각각 오른쪽으로 뒤집었을 때의 모양을 알아보면 다음과 같습니다.

A → **①** A   E → H H

N → **②** N   U → Z S   AHU

이 중에서 처음 모양과 같은 알파벳은 AHU입니다.

정답 AHU

답 ① ∃ ② U

06 0이 모두 몇 개인지 알아보기

다음을 수로 썼을 때 0은 모두 몇 개입니까?

이천오십조 삼백십삼억 오만 육천

핵심 기억해야 할 것

조, 억, 만, 일이 단위로 네 자리씩 구분하여 수로 씁니다.
이때, 읽지 않은 자리에는 0을 씁니다.

풀이

조, 억, 만, 일 단위로 네 자리씩 구분하여 높은 자리부터 차례로 숫자를 씁니다.

이천오십조 삼백십삼억 오만 육천
⇨ 2050조 313억 **❶** 만 6000

2	0	5	0	0	3	1	3	0	0	0	5	6	0	0	0
			조				억				만				일

⇨ 0은 모두 **❷** 개입니다.

답 ❶ 5 ❷ 9

읽지 않는 자리에
0을 써야 해요.

정답 9개

---

37 무늬 완성하기

주어진 모양을 이용하여 규칙적인 무늬를 완성하시오.

핵심 기억해야 할 것

밀기, 뒤집기, 돌리기 방법을 이용하여 규칙적인 무늬를 꾸밀 수 있습니다.
어떤 방법으로 무늬를 꾸민 것인지 규칙을 알아보고 규칙에 따라 무늬를 완성합니다.

풀이

모양을 시계 방향으로 **❶** 만큼 돌리는 것을 반복해서

만들고, 그 모양을 오른쪽으로 **❷** 어서 만든 무늬입니다.

와 같은 모양을 2번 그려 넣어 무늬를 완성합니다.

모양을

따라서 빈 곳에

답 ❶ 90 ❷ 밀

정답

각 자리 숫자의 차 구하기

억의 자리 숫자와 백만의 자리 숫자의 차를 구하시오.

$$36198275\ 43800$$

(　　　　)

핵심 기억해야 할 것

일의 자리부터 네 자리씩 표시하여 만, 억, 조 단위로 구분하면 각 자리의 숫자를 구할 수 있습니다.

맨 뒤에 있는 수부터 차례로 일 → 십 → 백 → 천 → 십만 → 백만 → 천만 → 억 → 십억 → 백억 → 천억 → 조의 자리 숫자를 나타냅니다.

풀이

주어진 수를 일의 자리부터 네 자리씩 표시하여 만, 억, 조 단위로 구분하면 다음과 같습니다.

3	6	1	9	8	2	7	5	4	3	8	0	0
조		억				만				일		

⇒ 억의 자리 숫자는 80이고, 백만의 자리 숫자는 **❷** 이므로 차는 8 - 7 = 1입니다.

답 ❶ 만 **❷** 7

두 번 밀었을 때의 도형 그리기

주어진 도형을 왼쪽으로 8 cm 밀고 아래쪽으로 3 cm 밀었을 때의 도형을 그리시오.

1 cm
1 cm

핵심 기억해야 할 것

도형을 어느 방향으로 밀어도 도형의 모양과 크기는 변하지 않습니다.

도형을 한 꼭짓점을 기준으로 밀면 위치를 알기 쉽습니다.

풀이

① 왼쪽으로 **❶** cm 밀기

② 아래쪽으로 **❷** cm 밀기

1 cm
① 왼쪽으로 8 cm 밀기
② 아래쪽으로 3 cm 밀기

답 ❶ 8 **❷** 3

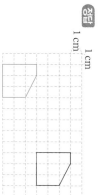

04 수 카드로 가장 큰 수와 가장 작은 수 만들기

여섯 장의 수 카드를 한 번씩 사용하여 여섯 자리 수를 만들려고 합니다. 만들 수 있는 가장 큰 수와 가장 작은 수를 각각 구하시오.

가장 큰 수 (
가장 작은 수 (

핵심 기억해야 할 것

① 가장 큰 수를 만들려면 가장 높은 자리부터 큰 수를 차례로 써야 합니다.
② 가장 작은 수를 만들려면 가장 높은 자리부터 작은 수를 차례로 써야 합니다.
　단, 0은 가장 높은 자리에 올 수 없습니다.

풀이

수 카드의 크기를 비교하면 ❶　>7>6>4>2>0입니다.

• 만들 수 있는 가장 큰 수:
가장 높은 자리부터 ❷　수를 차례로 쓰면 만들 수 있는 가장 큰 여섯 자리 수는 876420입니다.

• 만들 수 있는 가장 작은 수:
가장 높은 자리부터 작은 수를 차례로 써야 하는데 ❸　은 맨 앞에 올 수 없으므로 만들 수 있는 가장 작은 수는 204678입니다.

답 ❶ 8 ❷ 큰 ❸ 0

정답 876420, 204678

---

39 90°만큼 여러 번 돌렸을 때의 도형 그리기

주어진 도형을 시계 방향으로 90°만큼 9번 돌렸을 때의 도형을 그리시오.

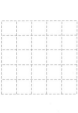
처음 도형

움직인 도형

핵심 기억해야 할 것

• 도형을 시계 방향으로 90°만큼 90°만큼 9번 돌렸을 것은 도형을 시계 방향으로 360°만큼 돌린 것과 같습니다.
• 도형을 시계 방향으로 360°만큼 돌리면 처음 도형과 같습니다.

풀이

(와 같이 4번 돌리기)＝(와 같이 돌리기)＝(처음 도형)입니다.

$9 \div 4 = $ ❶　…… ❷　이므로

( 와 같이 9번 돌리기)＝( 와 같이 돌리기)입니다.

답 ❶ 2 ❷ 1

정답

03 큰 수의 크기 비교하기

두 수의 크기를 비교하여 더 큰 수의 기호를 쓰시오.

> ㉠ 사천사조 칠천삼백구십억
> ㉡ 조가 4040개, 만이 7600개인 수

(   )

핵심 기억해야 할 것

① 자리 수가 같은지 다른지 비교합니다.

　다릅니다. → 자리 수가 많은 쪽이 더 큽니다.

　같습니다. →

② 가장 높은 자리의 수부터 차례로 비교하여 수가 큰 쪽이 더 큽니다.

풀이

㉠ 사천사조 칠천삼백구십억 ➡ **❶** 조 7390억

㉡ 조가 4040개, 만이 7600개인 수 ➡ **❷** 조 7600만

두 수의 자리 수가 같으므로 가장 높은 자리의 수부터 차례로 비교합니다.

➡ ㉠ 4004조 7390억 < ㉡ 4040조 7600만이므로 더 큰 수는 ㉡입니다.

┗ 0 < 4

정답 ㉡

답 **❶** 4004 **❷** 4040

---

04 규칙에 따라 움직인 도형 그리기

일정한 규칙으로 도형을 움직인 것입니다. 14째에 알맞은 모양을 그리시오.

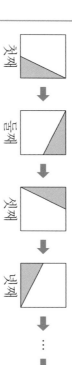

핵심 기억해야 할 것

밀기, 뒤집기, 돌리기 중 어떤 방법으로 도형을 움직였는지 규칙을 알아봅니다.
반복되는 부분을 찾아 14째에 알맞은 모양이 몇째 모양과 같은지 알아봅니다.

풀이

도형을 시계 반대 방향으로 **❶**　° 만큼 돌리는 규칙입니다.
시계 반대 방향으로 360° 만큼 돌린 도형은 처음 도형과 같으므로 첫째, 둘째, 셋째, 넷째
모양이 반복됩니다.
14 ÷ 4 = 3…2이므로 14째에 알맞은 도형은 둘째 모양과 같이 첫째 모양을 시계 반대
방향으로 **❷**　° 만큼 돌린 모양과 같습니다.

도형의 위쪽, 오른쪽, 아래쪽, 왼쪽이 각각 어느 쪽으로 움직였는지 확인해요.

답 **❶** 90 **❷** 90

정답

02 뛉어 센 수 구하기

⊙에 알맞은 수를 구하시오.

| 6조 7500억 | 6조 8500억 | | | ⊙ |

핵심 기억해야 할 것

뛰어 센 규칙을 알아보려면 어느 자리 수가 몇씩 커지는지 확인해야 합니다.
- ■억씩 뛰어 세면 억의 자리 수가 ■씩 커집니다.
- ■0억씩 뛰어 세면 십억의 자리 수가 ■씩 커집니다.
- ■00억씩 뛰어 세면 백억의 자리 수가 ■씩 커집니다.
- ■000억씩 뛰어 세면 천억의 자리 수가 ■씩 커집니다.

풀이

6조 7500억 → 6조 8500억에서 천억의 자리 수가 1만큼 커졌으므로 1000❶ 억 씩 뛰어 세는 규칙입니다.

⊙은 6조 8500억에서 1000억씩 3번 뛰어 센 수이므로

6조 8500억 → 6조 9500억 → 7조 ❷ 억 → 7조 ❸ 억입니다.

한 번 뛰어 셀 때 1000억이 커지므로 3번 뛰어 세면 3000억이 커져요

정답 7조 1500억

답 ❶ 억 ❷ 500 ❸ 1500

---

41 거울에 비친 수 구하기

다음과 같이 수 카드의 왼쪽에 거울을 대고 비추어 보았을 때 거울에 비친 수는 얼마입니까?

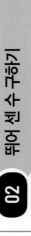

거울→

핵심 기억해야 할 것

거울에 비친 모양은 거울을 놓은 쪽으로 뒤집은 모양과 같습니다.

풀이

왼쪽에 거울을 대었을 때 거울에 비친 모양은 ❶ 쪽으로 뒤집은 모양과 같습니다.

따라서 주어진 수 카드를 왼쪽으로 뒤집었을 때의 수를 구하면 ❷ 입니다.

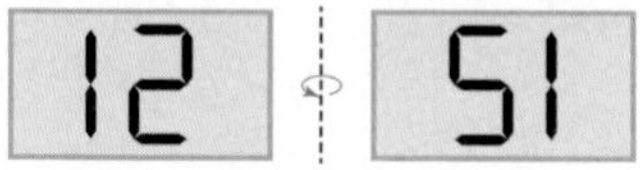

거울에 비친 모양은 뒤집은 모양과 같아요.

정답 12

답 ❶ 왼 ❷ 12

설명하는 수 쓰고 읽기

설명하는 수를 쓰고, 읽으시오.

1조가 581개, 1억이 2479개, 1만이 3600개인 수

쓰기 ( )

읽기 ( )

핵심 기억해야 할 것

• 1조가 ①②③④개이면 ①②③④조, 1억이 ⑤⑥⑦⑧개이면 ⑤⑥⑦⑧억, 1만이 ⑨⑩⑪⑫개이면 ⑨⑩⑪⑫만입니다.
• 큰 수를 읽을 때는 일의 자리부터 네 자리씩 표시하여 만, 억, 조 단위로 구분한 후 왼쪽부터 차례로 읽습니다.

주의 자리의 숫자가 0일 때는 숫자와 자릿값을 모두 읽지 않습니다.

풀이

1조가 581개이면 ❶ 조, 1억이 2479개이면 2479 ❷ , 1만이 3600개이면 3600만입니다.

자리의 숫자	5	8	1	2	4	7	9	3	6	0	0	0	0	0	0	0
나타내는 값	백	십	일	천	백	십	일	천	백	십	일	천	백	십	일	
			조				억				만				일	

쓰기 581조 2479억 3600만 또는 5812479360000000

읽기 오백팔십일조 이천사백칠십구억 삼천육백만

정답 581조 2479억 3600만 또는 5812479360000000,
오백팔십일조 이천사백칠십구억 삼천육백만

답 ❶ 581 ❷ 억

중심의 도형을 보고 같은 방법으로 도형 이동하기

보기 는 처음 도형과 한 번 움직인 도형입니다. 보기 와 같은 방법으로 다음 도형을 한 번 움직였을 때의 도형을 그리시오.

보기

처음 도형 / 움직인 도형
처음 도형 / 움직인 도형

핵심 기억해야 할 것

처음 도형과 움직인 도형의 위쪽과 아래쪽, 오른쪽과 왼쪽이 달라진 부분을 비교합니다.

도형 밀기, 뒤집기, 돌리기 중에서 어떤 방법으로 움직인 것인지 생각해 봅니다.

풀이

도형의 위쪽 부분이 아래쪽으로, 왼쪽 부분이 ❶ 쪽으로 이동했으므로 도형을 시계 방향 또는 시계 반대 방향으로 ❷ °만큼 돌린 것입니다.

따라서 주어진 도형을 시계 방향 또는 시계 반대 방향으로 180°만큼 돌린 도형을 그립니다.

답 ❶ 오른 ❷ 180

정답

꼭 알아야 하는 대표 유형을 확인해 봐.

43 밀고 뒤집고 돌렸을 때의 도형 그리기

도형을 오른쪽으로 밀고, 오른쪽으로 5번 뒤집은 다음 시계 반대 방향으로 90°만큼 돌렸을 때의 도형을 그리시오.

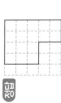

처음 도형   움직인 도형

핵심 기억해야 할 것

도형을 이동한 순서에 따라 차례로 이동합니다.

도형을 어느 방향으로 밀어도 도형의 모양과 크기는 변하지 않습니다.

도형을 같은 방향으로 짝수 번 뒤집으면 처음 도형과 같습니다.

풀이

① 오른쪽으로 밀기: 도형의 모양과 ❶ [ ] 가 변하지 않습니다.

② 오른쪽으로 5번 뒤집기: 오른쪽으로 1번 뒤집은 것과 같습니다.

③ 시계 반대 방향으로 90°만큼 돌리기: 도형의 위쪽 부분이 왼쪽으로, 왼쪽 부분이 ❷ [ ]쪽으로 이동합니다.

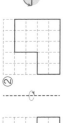

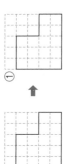

답 ❶ 크기 ❷ 아래

정답

44 철봉에 매달려 보았을 때의 수 구하기

재희는 다음 수 카드를 철봉에 거꾸로 매달려서 보았습니다. 수 카드에 적힌 수와 철봉에 매달려 보았을 때의 수의 차를 구하시오.

$$628$$

( )

핵심 기억해야 할 것
철봉에 거꾸로 매달려서 보는 모양은 시계 방향 또는 시계 반대 방향으로 180°만큼 돌린 모양과 같습니다.

풀이
주어진 수 카드를 시계 방향으로 ❶ ___°만큼 돌렸을 때의 수를 구합니다.

$$628 \quad \rightarrow \quad 829$$

❷ ___ − 628 = 201

답 ❶ 180 ❷ 829

정답 201

철봉에 거꾸로 매달리면 시계 반대 방향으로 180°만큼 돌아서 보는 것과 같아요.

꼭 잡아야 하는

대표 유형집 BOOK1

큰 수
각도
곱셈과 나눗셈

라이트엔진

초등 수학

4·1

memo

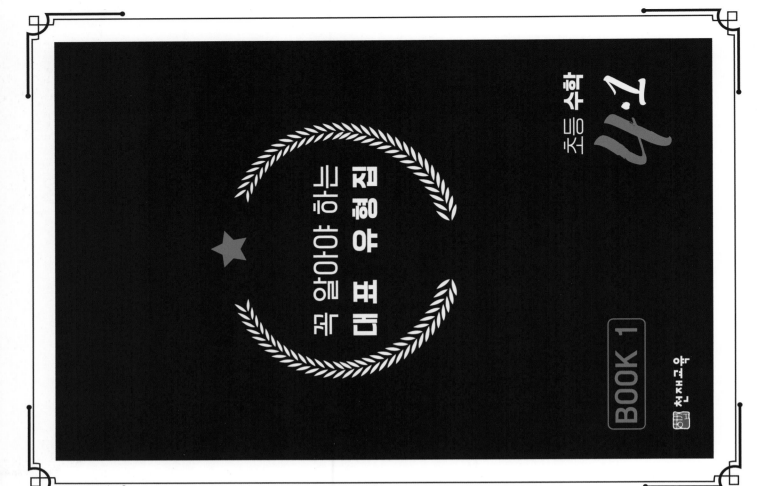

초등 수학 4·1

꼭 알아야 하는
대 표 유 형 집

일등전략

일등전략

BOOK 1

큰 수

각도

평면도형의 이동

초등 **수학**

4·1

이 책의 구성과 특징

도입 만화

이번 주에 배울 내용의 핵심을 만화 또는 삽화로 제시하였습니다.

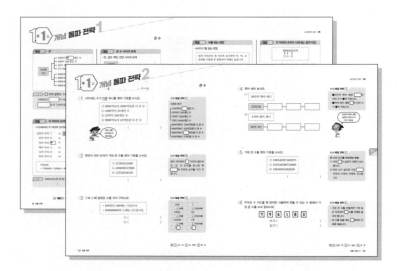

개념 돌파 전략 1, 2

개념 돌파 전략1에서는 단원별로 개념을 설명하고 개념의 원리를 확인하는 문제를 제시하였습니다.
개념 돌파 전략2에서는 개념을 알고 있는지 문제로 확인할 수 있습니다.

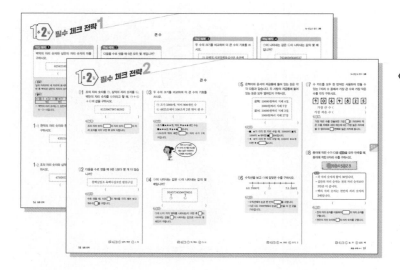

필수 체크 전략 1, 2

필수 체크 전략1에서는 단원별로 나오는 중요한 유형을 반복 연습할 수 있도록 하였습니다.
필수 체크 전략2에서는 추가적으로 나오는 다른 유형을 문제로 확인할 수 있도록 하였습니다.

부록 꼭 알아야 하는 대표 유형집

부록을 뜯으면 미니북으로 활용할 수 있습니다. 대표 유형을 확실하게 익혀 보세요.

주 마무리 평가

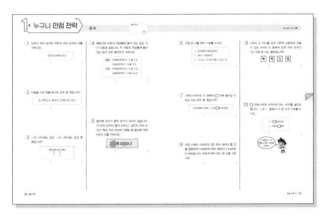

누구나 만점 전략

누구나 만점 전략에서는 주별로 꼭 기억해야 하는 문제를 제시하여 누구나 만점을 받을 수 있도록 하였습니다.

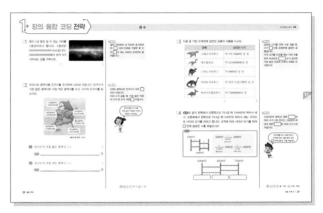

창의·융합·코딩 전략

창의·융합·코딩 전략에서는 새 교육과정에서 제시하는 창의, 융합, 코딩 문제를 쉽게 접근할 수 있도록 하였습니다.

마무리 코너

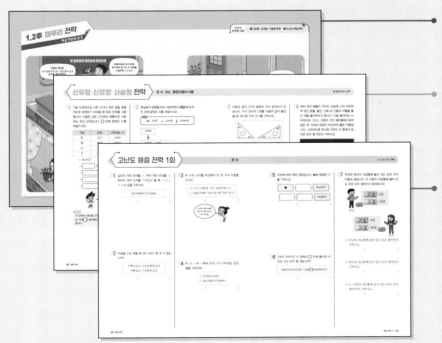

1, 2주 마무리 전략
마무리 전략은 이미지로 정리하여 마무리할 수 있게 하였습니다.

신유형·신경향·서술형 전략
신유형·신경향·서술형 전략은 새로운 유형도 연습하고 서술형 문제에 대한 적응력도 올릴 수 있습니다.

고난도 해결 전략 1회, 2회
실제 시험에 대비하여 연습하도록 고난도 실전 문제를 2회로 구성하였습니다.

이 책의 차례

1~2주 | 마무리 ⟩ 큰 수, 각도, 평면도형의 이동   58쪽

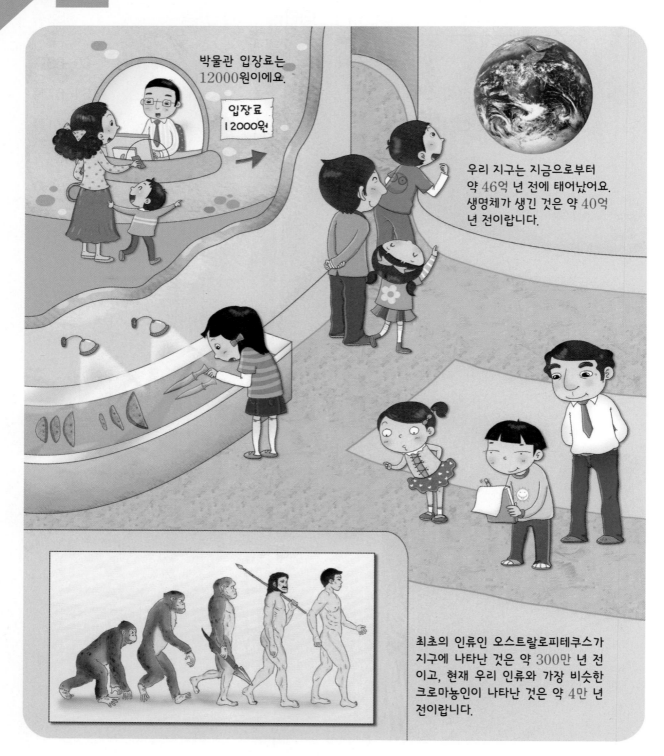

공룡이 가장 많았던 쥐라기 시대는 지금으로부터 약 1억 8000만 년 전이랍니다.

태양과 지구 사이의 거리는 1억 4960만 km이고 태양에서 가장 먼 행성인 해왕성은 태양으로부터 약 45억 km 떨어져 있어요.

그린란드에서 발견된 플랑크톤 화석은 놀랍게도 약 37억 년 전 화석이라고 해요. 우리나라에서 발견된 가장 오래된 화석은 약 10억 년 전 화석이랍니다.

개념 01 만

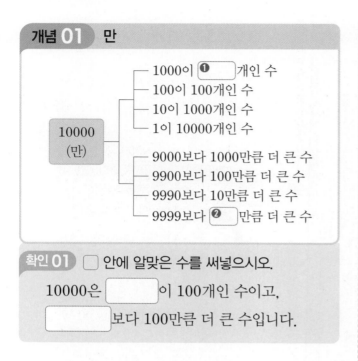

확인 01 ⬜ 안에 알맞은 수를 써넣으시오.

10000은 [   ]이 100개인 수이고,

[   ]보다 100만큼 더 큰 수입니다.

개념 02 각 자리의 숫자와 자릿값

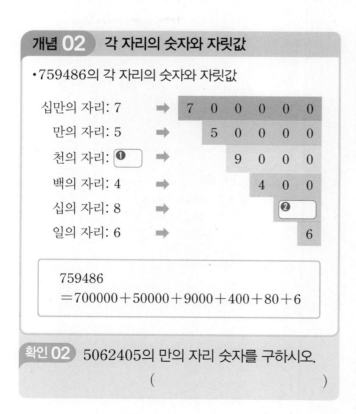

확인 02 5062405의 만의 자리 숫자를 구하시오.

(   )

개념 03 큰 수 사이의 관계

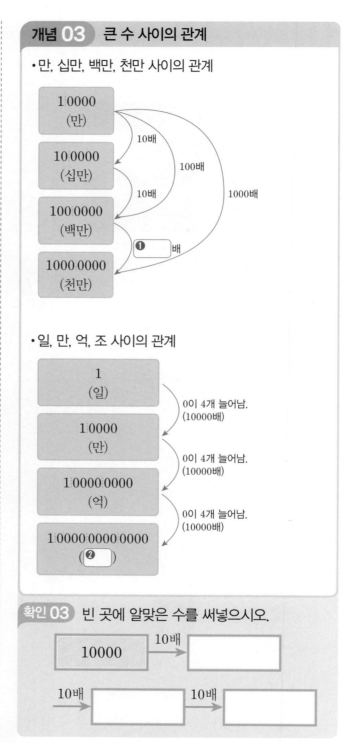

확인 03 빈 곳에 알맞은 수를 써넣으시오.

10000 ─10배→ [   ]

─10배→ [   ] ─10배→ [   ]

답 **개념 01** ❶ 10 ❷ 1 **개념 02** ❶ 9 ❷ 80

답 **개념 03** ❶ 10 ❷ 조

개념 04 수를 읽는 방법

• 640517을 읽는 방법

> 일의 자리부터 네 자리씩 표시하여 만, 억, 조 단위를 구분한 후 왼쪽부터 차례로 읽습니다.

자리의 숫자 →	6	4	0	5	1	7
자릿값 →	십만	만	천	백	십	일

64|0517 ➡ 육십사 **❶** 오백십칠

> 자리의 숫자가 0이면 숫자와 자릿값을 모두 읽지 않아요. 자리의 숫자가 1이면 자릿값만 읽어요.

> 자릿값 일은 읽지 않아요.
> 조, 억, 만 단위는 띄어 읽어요.

확인 04 1970238을 읽으시오.

(   )

개념 05 큰 수를 수로 쓰기

• 오천칠백억 구백칠십이만을 수로 쓰기

> ① 조, 억, 만, 일 단위로 네 자리씩 구분하여 높은 자리부터 차례로 숫자를 씁니다.
> ② 읽지 않은 자리에는 **❶** 을 씁니다.

오천칠백억	구백칠십이만	
5700	0972	**❷**

확인 05 팔십억 천사백삼십만을 수로 쓰시오.

(   )

개념 06 각 자리의 숫자가 나타내는 값의 비교

> 59694230178
> ↑ ↑ ↑
> ㉠ ㉡ ㉢

• ㉠이 나타내는 값은 ㉡이 나타내는 값의 몇 배인지 구하기

㉠: 십억의 자리 ➡ 90000000000

㉡: 천만의 자리 ➡ 90000000

> 공통인 부분을 제외하면 900은 9의 100배입니다.

➡ ㉠이 나타내는 값은 ㉡이 나타내는 값의 **❶** 배입니다.

• ㉡이 나타내는 값은 ㉢이 나타내는 값의 몇 배인지 구하기

㉡: 천만의 자리 ➡ 90000000

㉢: **❷** 의 자리 ➡ 30000

> 공통인 부분을 제외하면 9000은 3의 3000배입니다.

➡ ㉡이 나타내는 값은 ㉢이 나타내는 값의 3000배입니다.

확인 06 ㉠이 나타내는 값은 ㉡이 나타내는 값의 몇 배인지 구하시오.

> 56350000
> ↑ ↑
> ㉠ ㉡

(   )

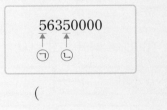

> ■가 ▲의 몇 배인지 구하려면 ■÷▲를 구해요.

답 **개념 04** ❶ 만 **개념 05** ❶ 0 ❷ 0000

답 **개념 06** ❶ 100 ❷ 만

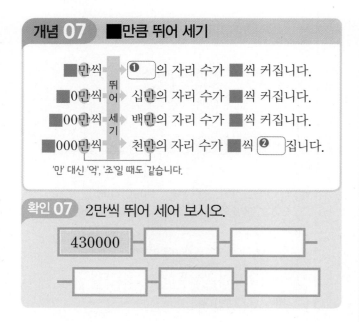

1주 1일 개념 돌파 전략 1

개념 07 ■만큼 뛰어 세기

■만씩 [뛰어 세기] ➡ **❶** 의 자리 수가 ■씩 커집니다.

■0만씩 [뛰어 세기] ➡ 십만의 자리 수가 ■씩 커집니다.

■00만씩 [뛰어 세기] ➡ 백만의 자리 수가 ■씩 커집니다.

■000만씩 [뛰어 세기] ➡ 천만의 자리 수가 ■씩 **❷** 집니다.

'만' 대신 '억', '조'일 때도 같습니다.

확인 07 2만씩 뛰어 세어 보시오.

430000		

개념 08 ■배씩 뛰어 세기

10배씩 뛰어 세면 끝자리에 0이 **❶** 개씩 늘어납니다.

```
  10배        10배
4000만  →   4억    →    ❷
(40000000)  (400000000)   (4000000000)
```

100배씩 뛰어 세면 끝자리에 0이 2개씩,
1000배씩 뛰어 세면 0이 3개씩 늘어나요.

확인 08 100배씩 뛰어 세어 보시오.

7200	

개념 09 큰 수의 크기 비교

• 큰 수의 크기를 비교하는 방법

① 자리 수가 같은지 다른지 비교합니다.

다릅니다.   같습니다.

② 자리 수가 많은 쪽이 더 **❶** .

③ 가장 높은 자리의 수부터 차례로 비교하여 수가 **❷** 쪽이 더 큽니다.

확인 09 두 수의 크기를 비교하여 ◯ 안에 >, =, <를 알맞게 써넣으시오.

(1) 527460 ◯ 63548

(2) 12억 350만 ◯ 12조 350만

(3) 10947835 ◯ 10947586

(4) 2504조 3000 ◯ 2504조 3억

조는 억보다 큰 수입니다.
억은 만보다 큰 수입니다.
만은 일보다 큰 수입니다.

개념 **10** ☐ 안에 들어갈 수 있는 수 구하기

$$59625000 < 59\square40000$$

① 자리 수를 비교합니다.

5 9 6 2 5 0 0 0 ➡ **①**☐자리 수

5 9 ☐ 4 0 0 0 0 ➡ 8자리 수

➡ 두 수의 자리 수가 같습니다.

② 가장 높은 자리의 수부터 차례로 비교합니다.

5 9 6 2 5 0 0 0

5 9 ☐ 4 0 0 0 0 ┤ 천만, 백만의 자리 수가 같습니다.

십만, 만의 자리 수를 비교하면 62<☐4이어야 하므로 ☐ 안에는 **②**☐과 같거나 큰 수가 들어갈 수 있습니다.

➡ ☐ 안에 들어갈 수 있는 수는 6, 7, 8, 9입니다.

확인 **10** 1부터 9까지의 수 중에서 ☐ 안에 들어갈 수 없는 수는 어느 것입니까? ············( )

$$809\square24563004 < 809516972000$$

① 1 ② 2 ③ 3
④ 4 ⑤ 5

개념 **11** 가장 큰 수, 가장 작은 수 만들기

| 0 | 2 | 3 | 5 | 6 | 8 |

• 수 카드를 사용하여 가장 큰 수 만들기

가장 높은 자리부터 큰 수를 차례로 놓습니다.

➡ 8>6>5>3>2>0이므로 만들 수 있는 가장 큰 수는 **①**☐ 입니다.

• 수 카드를 사용하여 가장 작은 수 만들기

가장 높은 자리부터 작은 수를 차례로 놓습니다. 단, 0은 가장 높은 자리에 올 수 없습니다.

➡ 0<2<3<5<6<8이고, **②**☐은 가장 높은 자리에 올 수 없으므로 만들 수 있는 가장 작은 수는 203568입니다.

확인 **11** 주어진 수 카드를 모두 한 번씩만 사용하여 만들 수 있는 수 중에서 가장 큰 수를 구하시오.

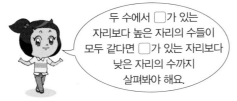

( )

자리 수가 정해져 있으므로 높은 자리의 수가 클수록 큰 수예요.

두 수에서 ☐가 있는 자리보다 높은 자리의 수들이 모두 같다면 ☐가 있는 자리보다 낮은 자리의 수까지 살펴봐야 해요.

답 개념 **10** ❶ 8 ❷ 6

답 개념 **11** ❶ 865320 ❷ 0

개념 돌파 전략 2

큰 수

01 나타내는 수가 다른 하나를 찾아 기호를 쓰시오.

> ㉠ 9000억보다 1000억만큼 더 큰 수
> ㉡ 1000억이 10개인 수
> ㉢ 10억이 100개인 수
> ㉣ 9990억보다 10억만큼 더 큰 수

(   )

어떤 수를
나타내는지
알아봐요.

문제 해결 전략 ①

1조의 크기

- 1000억이 [　] 개인 수
- 100억이 100개인 수
- 10억이 1000개인 수
- 1억이 10000개인 수
- 9000억보다 1000억만큼 더 큰 수
- 9900억보다 100억만큼 더 큰 수
- 9990억보다 [　] 억만큼 더 큰 수
- 9999억보다 1억만큼 더 큰 수

02 천만의 자리 숫자가 가장 큰 수를 찾아 기호를 쓰시오.

> ㉠ 57263541000
> ㉡ 426038517960
> ㉢ 12754036458

(   )

문제 해결 전략 ②

일의 자리부터 [　] 자리씩 끊어서 만, 억, 조 단위를 표시한 후 [　]의 자리의 숫자를 각각 구합니다.

03 ㉠과 ㉡에 알맞은 수를 각각 구하시오.

> • 100만의 100배는 ㉠입니다.
> • 100000000의 ㉡배는 1조입니다.

㉠ (   )

㉡ (   )

문제 해결 전략 ③

10만		1
↓10배		↓10000배
100만		1만
↓10배		↓10000배
1000만		1억
↓10배		↓10000배
1[　]		1[　]

답 ① 10, 10 ② 네, 천만 ③ 억, 조

04 뛰어 세어 보시오.

(1)
┌─────────────────────┐
│ 30만씩 뛰어 세기   │
└─────────────────────┘

| 210139 | | | |

(2)
┌─────────────────────┐
│ 4억씩 뛰어 세기   │
└─────────────────────┘

| 30억 3만 | | | |

문제 해결 전략 4

· ■0만씩 뛰어 세면 [   ]의 자리 수가 ■씩 커집니다.
· ■억씩 뛰어 세면 [ ]의 자리 수가 ■씩 커집니다.

30만씩 뛰어 세면 십만의 자리 수가 3씩 커져요.

1주

05 가장 큰 수를 찾아 기호를 쓰시오.

┌─────────────────────────┐
│ ㉠ 198548327482975   │
│ ㉡ 164538598734680   │
│ ㉢ 19856034562850   │
└─────────────────────────┘

(   )

문제 해결 전략 5

큰 수의 크기를 비교하는 방법
① 자리 [ ]가 같은지 다른지 비교합니다.
② 자리 수가 같으면 가장 [   ] 자리의 수부터 차례로 비교합니다.

06 주어진 수 카드를 한 번씩만 사용하여 만들 수 있는 수 중에서 가장 큰 수를 쓰고 읽으시오.

[7] [9] [6] [1] [8] [3]

쓰기 (   )
읽기 (   )

문제 해결 전략 6

· 가장 큰 수를 만들려면 가장 높은 자리부터 [ ] 수를 차례로 놓아야 합니다.
· 큰 수를 읽을 때는 [ ]쪽부터 차례로 읽습니다.

답 4 십만, 억 5 수, 높은 6 큰, 왼

핵심 예제 ❶

백억의 자리 숫자와 십만의 자리 숫자의 차를 구하시오.

> 625421897763

( )

전략

일의 자리부터 네 자리씩 표시하여 만, 억, 조 단위를 구분한 후 백억과 십만의 자리의 숫자를 찾아 차를 구합니다.

풀이

6	2	5	4	2	1	8	9	7	7	6	3
		억				만				일	

⇨ 백억의 자리 숫자는 2, 십만의 자리 숫자는 8이므로 차는 8−2=6입니다.

답 6

1-1 천억의 자리 숫자와 천만의 자리 숫자의 차를 구하시오.

> 435218795076

( )

1-2 조의 자리 숫자와 십억의 자리 숫자의 차를 구하시오.

> 67028379118452

( )

핵심 예제 ❷

다음을 수로 썼을 때 0은 모두 몇 개입니까?

> 칠천사백오십일조 육십구억 삼백만

( )

전략

① 높은 자리부터 차례로 숫자를 쓰고 읽지 않은 자리에는 0을 씁니다.
② 0이 모두 몇 개인지 세어 봅니다.

풀이

칠천사백오십일조	육십구억	삼백만	
7451	0069	0300	0000

⇨ 0은 모두 9개입니다.

답 9개

2-1 다음을 수로 썼을 때 0은 모두 몇 개입니까?

> 이백삼십팔조 천오백억

( )

2-2 다음을 수로 썼을 때 0은 모두 몇 개입니까?

> 천사조 팔백일억 사십

( )

네 자리씩 구분하여 수를 쓰면 편해요

핵심 예제 ❸

두 수의 크기를 비교하여 더 큰 수의 기호를 쓰시오.

> ㉠ 삼백억 이천칠백육십사만 육천백
> ㉡ 억이 300개, 만이 2090개인 수

(   )

[전략]
㉠과 ㉡을 각각 수로 쓰고 두 수의 크기를 비교합니다.

[풀이]
㉠ 삼백억 이천칠백육십사만 육천백
　→ 300억 2764만 6100
㉡ 억이 300개: 300억, 만이 2090개: 2090만
　→ 300억 2090만
⇨ ㉠ 300억 2764만 6100 > ㉡ 300억 2090만

답 ㉠

3-1 두 수의 크기를 비교하여 더 큰 수의 기호를 쓰시오.

> ㉠ 조가 1978개, 일이 8282개인 수
> ㉡ 천구백칠십팔조 팔천오만 이십구

(   )

3-2 두 수의 크기를 비교하여 더 큰 수의 기호를 쓰시오.

> ㉠ 이십조 사천구백만 오천삼백오십오
> ㉡ 2500억의 10배인 수

(   )

핵심 예제 ❹

㉠이 나타내는 값은 ㉡이 나타내는 값의 몇 배입니까?

(   )

[전략]
㉠과 ㉡이 각각 얼마를 나타내는지 구한 후 ㉠이 나타내는 값은 ㉡이 나타내는 값의 몇 배인지 알아봅니다.

[풀이]

7	6	3	4	8	3	0	5	6	4	0	5	1	7
조				억				만				일	

㉠: 8000000000
㉡: 40000
⇨ 800000 ÷ 4 = 200000

⇨ ㉠이 나타내는 값은 ㉡이 나타내는 값의 200000배입니다.

답 200000배

4-1 ㉠이 나타내는 값은 ㉡이 나타내는 값의 몇 배입니까?

(   )

4-2 ㉠이 나타내는 값은 ㉡이 나타내는 값의 몇 배입니까?

(   )

1주

핵심 예제 ❺

소희와 정규의 저금통에 들어 있는 돈은 각각 다음과 같습니다. 두 사람의 저금통에 들어 있는 돈은 모두 얼마인지 구하시오.

> 소희: 10000원짜리 지폐 4장,
> 　　　1000원짜리 지폐 6장
> 정규: 10000원짜리 지폐 2장,
> 　　　1000원짜리 지폐 14장

(　　　　　　　)

전략

소희와 정규의 저금통에 들어 있는 돈을 각각 구한 후 두 금액의 합을 구합니다.

풀이

소희: 10000이 4개 → 40000, 1000이 6개 → 6000
　　⇨ 40000＋6000＝46000(원)
정규: 10000이 2개 → 20000, 1000이 14개 → 14000
　　⇨ 20000＋14000＝34000(원)
따라서 두 사람의 저금통에 들어 있는 돈은 모두
46000＋34000＝80000(원)입니다.

답 80000원

5-1 준호와 선미의 저금통에 들어 있는 돈은 각각 다음과 같습니다. 두 사람의 저금통에 들어 있는 돈은 모두 얼마인지 구하시오.

> 준호: 10000원짜리 지폐 3장,
> 　　　1000원짜리 지폐 8장
> 선미: 10000원짜리 지폐 4장,
> 　　　1000원짜리 지폐 15장

(　　　　　　　)

핵심 예제 ❻

수직선을 보고 ㉠에 알맞은 수를 구하시오.

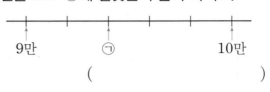

(　　　　　　　)

전략

수직선에서 눈금 한 칸이 얼마를 나타내는지 구한 후 뛰어 세기를 하여 ㉠에 알맞은 수를 구합니다.

풀이

수직선에서 눈금 한 칸의 크기: 10000÷5＝2000
㉠에 알맞은 수: 9만에서 2000씩 2번 뛰어 센 수
⇨ 9만 ― 9만 2000 ― 9만 4000

답 9만 4000

6-1 수직선을 보고 ㉠에 알맞은 수를 구하시오.

(　　　　　　　)

6-2 수직선을 보고 ㉠에 알맞은 수를 구하시오.

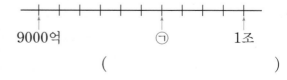

(　　　　　　　)

핵심 예제 7

수 카드를 모두 한 번씩만 사용하여 만들 수 있는 6자리 수 중에서 가장 작은 수를 구하시오.

| 5 | 0 | 3 | 2 | 1 | 4 |

(   )

전략

가장 높은 자리부터 작은 수를 차례로 놓습니다. 이때, 0은 가장 높은 자리에 놓을 수 없으므로 두 번째로 높은 자리에 놓아야 합니다.

풀이

① 6자리 수: ☐☐☐☐☐☐
② 0은 두 번째로 높은 자리인 만의 자리에 씁니다.
  ⇨ ☐ 0 ☐☐☐☐
③ 나머지 자리에 가장 높은 자리부터 작은 수를 차례로 씁니다. ⇨ 1 0 2 3 4 5

답 102345

7-1 수 카드를 모두 한 번씩만 사용하여 만들 수 있는 6자리 수 중에서 가장 작은 수를 구하시오.

| 6 | 0 | 2 | 7 | 9 | 8 |

(   )

7-2 수 카드를 모두 한 번씩만 사용하여 만들 수 있는 7자리 수 중에서 가장 작은 수를 구하시오.

| 4 | 3 | 8 | 5 | 0 | 7 | 6 |

(   )

핵심 예제 8

종이에 잉크가 묻어 숫자가 보이지 않습니다. 각 자리 숫자의 합이 26이고, 천의 자리 숫자가 십만의 자리 숫자의 3배일 때 종이에 적힌 6자리 수를 구하시오.

4●095

(   )

전략

십만의 자리 숫자와 천의 자리 숫자의 합을 구한 후 천의 자리 숫자가 십만의 자리 숫자의 3배가 되는 경우를 찾습니다.

풀이

종이에 적힌 수를 ㉠4㉡095라고 하면
㉠＋4＋㉡＋0＋9＋5＝26, ㉠＋㉡＝8입니다.
㉠과 ㉡의 합이 8이고, ㉡이 ㉠의 3배가 되는 경우를 찾아봅니다.

㉠	1	2	3	4	5	6	7
㉡	7	6	5	4	3	2	1

⇨ ㉠＝2, ㉡＝6

따라서 종이에 적힌 수는 246095입니다.

답 246095

8-1 종이에 잉크가 묻어 숫자가 보이지 않습니다. 각 자리 숫자의 합이 44이고, 천만의 자리 숫자가 만의 자리 숫자의 2배일 때 종이에 적힌 8자리 수를 구하시오.

61●7948

(   )

보이지 않는 숫자는 천만의 자리와 만의 자리 숫자예요.

1주

01 조의 자리 숫자를 ㉠, 십억의 자리 숫자를 ㉡, 백만의 자리 숫자를 ㉢이라고 할 때, ㉠+㉡+㉢의 값을 구하시오.

> 815306798746362

( )

Tip ①

조의 자리 숫자, □의 자리 숫자, □의 자리 숫자를 각각 구한 후 모두 더합니다.

02 다음을 수로 썼을 때 0은 1보다 몇 개 더 많습니까?

> 천백십일조 육백사십오만 팔천구십

( )

Tip ②

수로 썼을 때, 0과 □의 개수를 각각 세어 보고 개수의 □를 구합니다.

03 두 수의 크기를 비교하여 더 큰 수의 기호를 쓰시오.

> ㉠ 조가 5000개, 억이 900개인 수
> ㉡ 4825조에서 100조씩 2번 뛰어 센 수

( )

Tip ③

- 조가 ■▲●★개, 억이 ♥♠♦♣개인 수는 ■▲●★조 ♥♠♦♣□입니다.
- 100조씩 뛰어 세면 □의 자리 수가 1씩 커집니다.

자리 수가 같은 두 수의 크기를 비교할 때는 높은 자리부터 차례로 비교해요.

04 ㉠이 나타내는 값은 ㉡이 나타내는 값의 몇 배입니까?

> 9185734556420651
> ↑㉠　　　↑㉡

( )

Tip ④

㉠과 ㉡이 각각 얼마를 나타내는지 구한 후 □이 나타내는 값을 □이 나타내는 값으로 나누어 몇 배인지 구합니다.

답 Tip ① 십억, 백만 ② 1, 차　　답 Tip ③ 억, 백조 ④ ㉠, ㉡

05 은혁이와 윤서의 저금통에 들어 있는 돈은 각각 다음과 같습니다. 두 사람의 저금통에 들어 있는 돈은 모두 얼마인지 구하시오.

> 은혁: 10000원짜리 지폐 4장,
> 　　　1000원짜리 지폐 7장
> 윤서: 10000원짜리 지폐 3장,
> 　　　1000원짜리 지폐 27장

(　　　　　　　　)

Tip 5

- ■, ▲가 각각 한 자리 수일 때, 10000이 ■개, 1000이 ▲개이면 ■◻000입니다.
- ●, ★이 각각 한 자리 수일 때, 10000이 ●★개이면 ●★◻입니다.

06 수직선을 보고 ㉠에 알맞은 수를 구하시오.

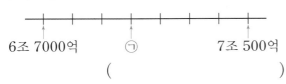

6조 7000억　　㉠　　7조 500억

(　　　　　　　　)

Tip 6

- 수직선에서 눈금 한 칸의 ◻를 구합니다.
- ㉠은 6조 7000억에서 눈금 ◻칸을 더 간 곳을 가리킵니다.

07 수 카드를 모두 한 번씩만 사용하여 만들 수 있는 7자리 수 중에서 가장 큰 수와 가장 작은 수를 각각 구하시오.

가장 큰 수 (　　　　　　　　)
가장 작은 수 (　　　　　　　　)

Tip 7

가장 작은 수를 만들려면 가장 ◻은 자리부터 작은 수를 차례로 써야 하는데 0은 가장 높은 자리에 쓸 수 없으므로 ◻번째로 높은 자리에 씁니다.

08 종이에 적힌 수가 다음 **조건** 을 모두 만족할 때, 종이에 적힌 8자리 수를 구하시오.

0 45 23

조건
- 각 자리 숫자의 합이 30입니다.
- 십만의 자리 숫자는 천의 자리 숫자보다 3만큼 더 큽니다.
- 백의 자리 숫자는 천만의 자리 숫자의 3배입니다.

(　　　　　　　　)

Tip 8

- 천의 자리 숫자를 이용하여 ◻의 자리 숫자를 구합니다.
- 천만의 자리 숫자와 ◻의 자리 숫자를 구합니다.

답 Tip ⑤ ▲, 000 ⑥ 크기, 3 ｜ 답 Tip ⑦ 높, 두 ⑧ 십만, 백

핵심 예제 ❶

두 수 ㉠과 ㉡에서 숫자 7이 나타내는 값의 합을 구하시오.

㉠ 8796132
㉡ 9054671580

(   )

전략

㉠과 ㉡에서 숫자 7이 나타내는 값을 각각 구한 후 더합니다.

풀이

㉠ 8796132
└▶ 십만의 자리 숫자, 700000
㉡ 9054671580
└▶ 만의 자리 숫자, 70000
⇨ 합은 700000+70000=770000입니다.

답 770000

1-1 두 수 ㉠과 ㉡에서 숫자 2가 나타내는 값의 합을 구하시오.

㉠ 42586509
㉡ 89132403576

(   )

1-2 두 수 ㉠과 ㉡에서 숫자 3이 나타내는 값의 합을 구하시오.

㉠ 72395528
㉡ 3054671580

(   )

핵심 예제 ❷

규칙에 따라 뛰어 세었습니다. ♥에 알맞은 수를 구하시오.

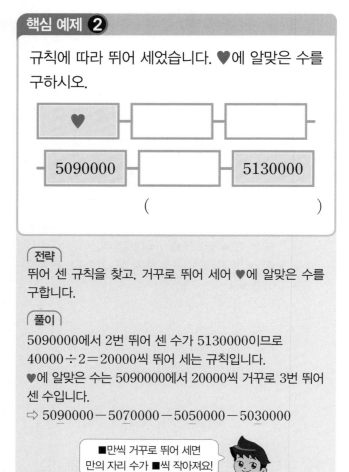

(   )

전략

뛰어 센 규칙을 찾고, 거꾸로 뛰어 세어 ♥에 알맞은 수를 구합니다.

풀이

5090000에서 2번 뛰어 센 수가 5130000이므로 40000÷2=20000씩 뛰어 세는 규칙입니다.
♥에 알맞은 수는 5090000에서 20000씩 거꾸로 3번 뛰어 센 수입니다.
⇨ 5090000－5070000－5050000－5030000

■만씩 거꾸로 뛰어 세면 만의 자리 수가 ■씩 작아져요!

답 5030000

2-1 규칙에 따라 뛰어 세었습니다. ♥에 알맞은 수를 구하시오.

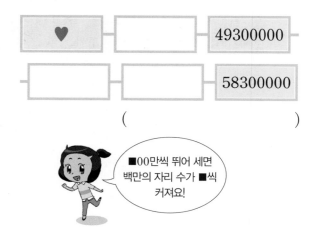

(   )

■00만씩 뛰어 세면 백만의 자리 수가 ■씩 커져요!

핵심 예제 ❸

가장 큰 수를 찾아 기호를 쓰시오.

> ㉠ 61389400000000
> ㉡ 6조 9500만 7777
> ㉢ 육조 사천이백구십억 팔천칠백오십

(   )

전략
㉠, ㉡, ㉢을 모두 같은 형태로 나타내고, 세 수의 크기를 비교합니다.

풀이
㉠ 61│3894│0000│0000 ⇨ 61조 3894억
㉡ 6조 9500만 7777
㉢ 육조 사천이백구십억 팔천칠백오십 ⇨ 6조 4290억 8750
⇨ 61조 3894억 > 6조 4290억 8750 > 6조 9500만 7777
　　　㉠　　　　　　㉢　　　　　　　㉡

답 ㉠

3-1 가장 큰 수를 찾아 기호를 쓰시오.

> ㉠ 2900조 6500만
> ㉡ 이천구백일조 육천만
> ㉢ 2900065000000000

(   )

3-2 가장 작은 수를 찾아 기호를 쓰시오.

> ㉠ 70206190000000
> ㉡ 70조 260억 900만
> ㉢ 칠십조 이백육십억 구만 구천

(   )

핵심 예제 ❹

1부터 9까지의 수 중에서 ▢ 안에 들어갈 수 있는 수는 모두 몇 개입니까?

> 817492370 < 817▢91463

(   )

전략
자리 수를 비교하고, 가장 높은 자리의 수부터 차례로 비교하여 ▢ 안에 들어갈 수 있는 수를 모두 구합니다.

풀이

8	1	7	4	9	2	3	7	0
8	1	7	▢	9	1	4	6	3

자리 수가 같습니다.

492 < ▢91이어야 하므로 ▢ 안에 들어갈 수 있는 수는 5, 6, 7, 8, 9로 모두 5개입니다.

답 5개

4-1 1부터 9까지의 수 중에서 ▢ 안에 들어갈 수 있는 수는 모두 몇 개입니까?

> 536870549 < 536▢72643

(   )

4-2 1부터 9까지의 수 중에서 ▢ 안에 들어갈 수 있는 수는 모두 몇 개입니까?

> 98745643150513 < 9874▢623534900

(   )

1주

핵심 예제 ❺

12300000원을 100만 원짜리 수표와 10만 원짜리 수표로 모두 바꾸려고 합니다. 수표의 수가 가장 적게 바꾸면 수표는 모두 몇 장입니까?

( )

전략

바꿔야 하는 100만 원짜리 수표와 10만 원짜리 수표의 수를 각각 구한 후 모두 몇 장인지 구합니다.

수표의 수가 가장 적게 바꾸려면 금액이 큰 수표로 최대한 많이 바꿔야 해요.

풀이

수표의 수가 가장 적게 바꾸려면 100만 원짜리 수표로 최대한 많이 바꿔야 합니다.
1230:0000 ➡ 100만이 12개, 10만이 3개인 수
따라서 100만 원짜리 수표 12장, 10만 원짜리 수표 3장으로 바꿀 수 있습니다. ➡ 12+3=15(장)

답 15장

5-1 36900000원을 100만 원짜리 수표와 10만 원짜리 수표로 모두 바꾸려고 합니다. 수표의 수가 가장 적게 바꾸면 수표는 모두 몇 장입니까?

( )

5-2 625000000원을 1000만 원짜리 수표와 100만 원짜리 수표로 모두 바꾸려고 합니다. 수표의 수가 가장 적게 바꾸면 수표는 모두 몇 장입니까?

( )

핵심 예제 ❻

어떤 수에서 100만씩 2번 뛰어 세어야 할 것을 잘못하여 10만씩 뛰어 세었더니 2억 200만이 되었습니다. 바르게 뛰어 세기 한 수를 구하시오.

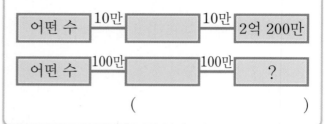

( )

전략

잘못 뛰어 센 수에서 10만씩 작아지도록 뛰어 세어 어떤 수를 구한 후 바르게 뛰어 세어 봅니다.

풀이

어떤 수: 2억 200만에서 10만씩 작아지도록 2번 뛰어 센 수
➡ 2억 200만 － 2억 190만 － 2억 180만
　　　　　　　　　　　　　　어떤 수
바르게 뛰어 세기 한 수: 2억 180만에서 100만씩 2번 뛰어 센 수 ➡ 2억 180만 － 2억 280만 － 2억 380만

답 2억 380만

6-1 어떤 수에서 10만씩 3번 뛰어 세어야 할 것을 잘못하여 100만씩 뛰어 세었더니 825만이 되었습니다. 바르게 뛰어 세기 한 수를 구하시오.

( )

6-2 어떤 수에서 1000만씩 2번 뛰어 세어야 할 것을 잘못하여 10만씩 뛰어 세었더니 5300만이 되었습니다. 바르게 뛰어 세기 한 수를 구하시오.

( )

핵심 예제 **7**

4장의 수 카드를 모두 2번씩 사용하여 만들 수 있는 8자리 수 중에서 만의 자리 숫자가 9인 가장 큰 수는 얼마입니까?

( )

전략

먼저 만의 자리에 9를 쓰고 남은 자리 중 가장 높은 자리부터 큰 수를 차례로 씁니다. 이때, 같은 수를 2번씩 써야 하는 것에 주의합니다.

풀이

① 8자리 수 ⇨ ☐☐☐☐☐☐☐☐
② 만의 자리에 9를 씁니다. ⇨ ☐☐☐9☐☐☐☐
③ 남은 0, 0, 4, 4, 6, 6, 9를 큰 수부터 차례로 채웁니다.
⇨ 96694400

답 96694400

7-1 4장의 수 카드를 모두 2번씩 사용하여 만들 수 있는 8자리 수 중에서 백만의 자리 숫자가 7인 가장 큰 수는 얼마입니까?

( )

7-2 4장의 수 카드를 모두 2번씩 사용하여 만들 수 있는 10자리 수 중에서 천만의 자리 숫자가 4인 가장 큰 수는 얼마입니까?

( )

핵심 예제 **8**

☐ 안에 0부터 9까지의 어느 숫자를 넣어도 됩니다. ㉠과 ㉡ 중에서 더 큰 수의 기호를 쓰시오.

㉠ 3☐03582
㉡ 391☐276

( )

전략

먼저 ㉠과 ㉡의 자리 수를 비교합니다.
자리 수가 같으면 ☐ 중에서 가장 높은 자리에 있는 ☐ 안에 9 또는 0을 넣어 보고 ㉠과 ㉡의 크기를 비교합니다.

풀이

㉠과 ㉡ 모두 7자리 수이므로 ☐ 안에 9를 넣은 후 크기를 비교합니다.
㉠ 3 9 0 3 5 8 2
㉡ 3 9 1 9 2 7 6 ⇨ ㉠ < ㉡
㉠의 십만의 자리에 0부터 9까지의 어느 숫자를 넣어도 ㉠ < ㉡입니다.

가장 높은 자리에 있는 ☐ 안에 9를 넣어도 작으면 항상 작은 수이고, 0을 넣어도 크면 항상 큰 수예요.

답 ㉡

8-1 ☐ 안에 0부터 9까지의 어느 숫자를 넣어도 됩니다. ㉠과 ㉡ 중에서 더 큰 수의 기호를 쓰시오.

㉠ 27☐87391
㉡ 27076☐50

( )

☐안에 어느 숫자를 넣어도 항상 같은 결과인지 확인해 보세요!

1주

01 두 수 ㉠과 ㉡에서 숫자 8이 나타내는 값의 합을 구하시오.

㉠ 461389795213
㉡ 34567100864250

(   )

Tip 1

㉠과 ㉡에서 숫자 ☐이 나타내는 값을 각각 구한 후 구한 값을 ☐합니다.

02 규칙에 따라 뛰어 세었습니다. ♥에 알맞은 수를 구하시오.

| ♥ | | |

| 27070000 | | 28070000 |

(   )

Tip 2

27070000에서 ☐번 뛰어 세었더니 28070000이 되었습니다.
얼마씩 뛰어 세었는지 규칙을 찾고, 거꾸로 뛰어 세어 ☐에 알맞은 수를 구합니다.

03 큰 수부터 차례로 기호를 쓰시오.

㉠ 61389400000000
㉡ 6조 9500만 1004
㉢ 육조 사천이백구십억 팔천칠백오십

(   )

Tip 3

㉠, ㉡, ㉢을 모두 같은 형태로 나타내고, 세 수의 ☐를 비교하여 큰 수부터 차례로 ☐를 씁니다.

04 1부터 9까지의 수 중에서 ☐ 안에 들어갈 수 있는 수는 모두 몇 개입니까?

5653416540337 < 565☐408963100

(   )

Tip 4

두 수의 자리 수가 같은 경우에는 가장 ☐ 자리의 수부터 차례로 비교하여 ☐ 안에 들어갈 수 있는 ☐를 모두 구하고 그 개수를 셉니다.

답 Tip ① 8, 더 ② 2, ♥

답 Tip ③ 크기, 기호 ④ 높은, 수

05 125400000원을 1000만 원짜리 수표와 10만 원짜리 수표로 모두 바꾸려고 합니다. 수표의 수가 가장 적게 바꾸면 수표는 모두 몇 장입니까?

( )

Tip⑤

수표의 수가 가장 적게 바꾸려면 1000만 원짜리 수표로 최대한 ☐이 바꾸고, ☐만 원짜리 수표로 바꿉니다.

06 어떤 수에서 1000만씩 2번 뛰어 세어야 할 것을 잘못하여 100만씩 뛰어 세었더니 7억 3100만이 되었습니다. 바르게 뛰어 세기 한 수를 구하시오.

( )

Tip⑥

잘못 뛰어 센 수에서 ☐만씩 거꾸로 2번 뛰어 세어 어떤 수를 구한 다음 어떤 수에서 1000만씩 ☐번 뛰어 셉니다.

100만씩 거꾸로 뛰어 셀 때마다 100만씩 작아져요.

07 4장의 수 카드를 모두 2번씩 사용하여 만들 수 있는 12자리 수 중에서 억의 자리 숫자가 7인 가장 큰 수는 얼마입니까?

| 7 | 3 | 2 | 1 | 6 | 0 |

( )

Tip⑦

먼저 ☐의 자리에 7을 쓰고 남은 자리 중 가장 높은 자리부터 ☐ 수를 차례로 씁니다.

08 ☐ 안에 0부터 9까지의 어느 숫자를 넣어도 됩니다. ㉠과 ㉡ 중에서 더 큰 수의 기호를 쓰시오.

㉠ 49☐5139☐67
㉡ 49953☐0000

( )

Tip⑧

먼저 ㉠과 ㉡의 자리 ☐를 비교합니다.
자리 수가 ☐으면 가장 높은 자리에 있는 ☐ 안에 9 또는 0을 넣어 보고 ㉠과 ㉡의 크기를 비교합니다.

답 Tip ⑤ 많, 10 ⑥ 100, 2

답 Tip ⑦ 억, 큰 ⑧ 수, 같

01 십억의 자리 숫자와 천만의 자리 숫자의 차를 구하시오.

923425801923

(   )

02 다음을 수로 썼을 때 0은 모두 몇 개입니까?

천구백삼조 팔천억 삼백이만 천오

(   )

03 ㉠이 나타내는 값은 ㉡이 나타내는 값의 몇 배입니까?

30548341200
↑   ↑
㉠   ㉡

(   )

04 예준이와 미호의 저금통에 들어 있는 돈은 각각 다음과 같습니다. 두 사람의 저금통에 들어 있는 돈은 모두 얼마인지 구하시오.

예준: 10000원짜리 지폐 2장,
1000원짜리 지폐 5장
미호: 10000원짜리 지폐 2장,
1000원짜리 지폐 16장

(   )

05 종이에 잉크가 묻어 숫자가 보이지 않습니다. 각 자리 숫자의 합이 40이고, 십만의 자리 숫자가 백의 자리 숫자의 2배일 때 종이에 적힌 6자리 수를 구하시오.

89 92

(   )

06 가장 큰 수를 찾아 기호를 쓰시오.

> ㉠ 4100013654650
> ㉡ 40조 1000억
> ㉢ 사십조 오천오백오십만 천

( )

07 1부터 9까지의 수 중에서 ☐ 안에 들어갈 수 있는 수는 모두 몇 개입니까?

> 2456081300 < 245☐035000

( )

08 어떤 수에서 100만씩 2번 뛰어 세어야 할 것을 잘못하여 1000만씩 뛰어 세었더니 8300만이 되었습니다. 바르게 뛰어 세기 한 수를 구하시오.

( )

09 4장의 수 카드를 모두 2번씩 사용하여 만들 수 있는 8자리 수 중에서 만의 자리 숫자가 1인 가장 큰 수는 얼마입니까?

4   9   1   5

( )

10 ☐ 안에 0부터 9까지의 어느 숫자를 넣어도 됩니다. ㉠과 ㉡ 중에서 더 큰 수의 기호를 쓰시오.

> ㉠ 7☐03210
> ㉡ 7001☐00

( )

㉠의 ☐가 ㉡의 ☐보다 높은 자리에 있어요.

01 빛이 1년 동안 갈 수 있는 거리를 1광년이라고 합니다. 1광년은 9460000000000 km입니다. 9460000000000에서 숫자 9가 나타내는 값을 구하시오.

( )

02 우리나라 광역시별 인구수를 조사하여 나타낸 것입니다. 인구수가 가장 많은 광역시와 가장 적은 광역시를 쓰고, 각각의 인구수를 읽으시오.

인천광역시
2942828명

대구광역시
2418346명

대전광역시
1463882명

울산광역시
1136017명

광주광역시
1450062명

부산광역시
3391946명

[출처] 통계청, 2020.

❶ 인구수가 가장 많은 광역시 ⇨ ( )

[읽기] _____ 명

❷ 인구수가 가장 적은 광역시 ⇨ ( )

[읽기] _____ 명

광역시별 인구수를 가장 높은 자리의 수부터 차례로 비교해요.

답 Tip ① 억, 9 ② 7, 큰

03 다음 중 가장 오래전에 살았던 공룡의 이름을 쓰시오.

공룡	살았던 시기
스테고사우루스	약 1억 5500만 년 전
에오랍토르	약 231000000년 전
스피노사우루스	약 9900만 년 전
아파토사우루스	약 일억 오천사백만 년 전
파라사우롤로푸스	약 75000000년 전

(   )

Tip ③

살았던 시기를 전부 수로 썼을 때, 수가 ☐수록 오래전에 살았던 공룡입니다.
수의 크기를 비교할 때는 자리 수를 먼저 비교하고, ☐ 수가 같으면 가장 높은 자리의 수부터 차례로 비교합니다.

04 **보기**와 같이 왼쪽에서 오른쪽으로 지나갈 때 1000만씩 뛰어서 세고, 오른쪽에서 왼쪽으로 지나갈 때 100만씩 뛰어서 세는 규칙으로 사다리 타기를 하려고 합니다. 규칙에 따라 사다리 타기를 하여 ☐ 안에 알맞은 수를 써넣으시오.

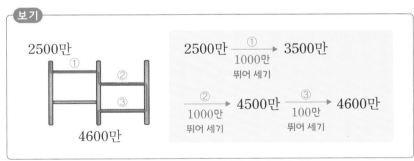

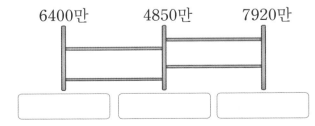

Tip ④

1000만씩 뛰어서 세면 ☐의 자리 수가 1씩 커지고, 100만씩 뛰어서 세면 ☐의 자리 수가 1씩 커집니다.

사다리를 타고 내려가면서 규칙에 따라 수를 뛰어 세어 ☐ 안에 알맞은 수를 써넣어요.

답 Tip ③ 클, 자리 ④ 천만, 백만

[05 ~ 06] 태양계는 태양을 중심으로 그 주변을 돌고 있는 8개의 행성으로 구성되어 있습니다. 우리가 살고 있는 지구도 8개의 행성 중 하나입니다. 각 행성과 태양 사이의 거리를 나타낸 표를 보고 물음에 답하시오.

행성	태양과 행성 사이의 거리	행성	태양과 행성 사이의 거리
지구	149600000 km	금성	108200000 km
화성	228000000 km	토성	1427000000 km
수성	57900000 km	천왕성	2900000000 km
목성	778300000 km	해왕성	4497000000 km

[출처] 한국콘텐츠진흥원, 2020.

05 태양과 지구 사이의 거리를 읽으시오.

(   ) 킬로미터

Tip ⑤
태양과 지구 사이의 거리는
☐km입니다.
일의 자리부터 네 자리씩 표시하여
만, ☐, 조 단위로 구분한 후 왼쪽
부터 차례로 읽어 봅니다.

06 각각의 행성과 태양과의 거리를 비교하여 행성의 이름을 쓰시오.

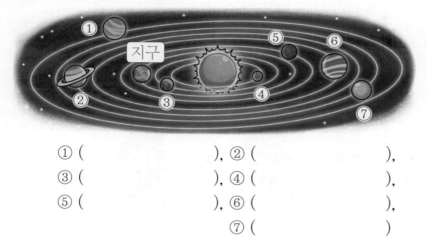

① (   ), ② (   ),
③ (   ), ④ (   ),
⑤ (   ), ⑥ (   ),
⑦ (   )

Tip ⑥
태양과 각 행성 사이의 ☐를
비교하여 태양과의 거리가 가장 가
까운 행성부터 차례로 구합니다.

태양과 가장 가까운
행성부터 차례로
번호를 찾아 나열해
보세요.

답 Tip ⑤ 149600000, 억 ⑥ 거리

[07 ~ 08] 다음과 같이 성냥개비로 0부터 9까지의 숫자를 만들 수 있습니다. 물음에 답하시오.

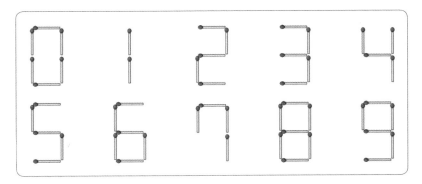

07 성냥개비로 다섯 자리 수 88426을 만들었습니다. 이 수에 쓰인 성냥개비 중 2개를 빼서 만들 수 있는 가장 큰 수를 구하시오.

성냥개비로 만든 숫자에서 성냥개비를 1개 또는 2개 빼었을 때 다른 숫자를 만들 수 있는지 생각해 보세요.

(   )

1주

08 성냥개비로 다섯 자리 수 86709를 만들었습니다. 이 수에 쓰인 성냥개비 중 2개만 움직여 여섯 자리 수를 만들려고 합니다. 만들 수 있는 여섯 자리 수 중에서 가장 큰 수는 얼마인지 구하시오. (단, 움직이려는 성냥개비를 만들어진 숫자들 사이에 넣을 수 없습니다.)

(   )

2주 각도, 평면도형의 이동

개념 01   각의 크기 비교

변의 길이 또는 각의 방향과 관계없이 두 변이 더 많이 벌어진 각이 더 큰 각입니다.

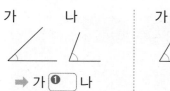   

➡ 가 ❶ 나   ➡ 가 ❷ 나

확인 01   가장 큰 각에 ◯표 하시오.

(   )   (   )   (   )

개념 02   예각과 둔각

• 예각, 직각, 둔각 구분하기

예각	직각	❷
(0° < 예각 < 90°)	(❶ °)	(90° < 둔각 < 180°)

확인 02   각을 보고 예각과 둔각 중 어느 것인지 ☐ 안에 써넣으시오.

(1)   (2)

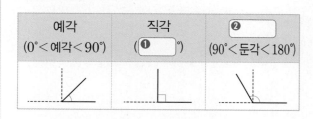

(   )   (   )

개념 03   각의 크기 재기

각의 한 변이 안쪽 눈금 0에 맞춰져 있는 경우	각의 한 변이 바깥쪽 눈금 0에 맞춰져 있는 경우

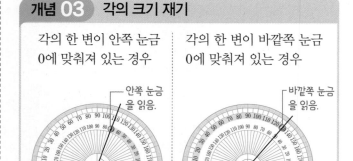

❶ ◻ °   130°

확인 03   각도기를 이용하여 각의 크기를 재어 보시오.

 ➡ ◻ °

개념 04   각도의 합과 차

• 각도의 합과 차를 구하는 방법

① 자연수의 덧셈, ❶ 셈과 같이 계산합니다.

② 단위(❷)를 붙입니다.

확인 04   각도의 합과 차를 구하시오.

(1) 40° + 65° = ◻ °

(2) 90° − 15° = ◻ °

답 개념 01 ❶ < ❷ < 개념 02 ❶ 90 ❷ 둔각   답 개념 03 ❶ 70 개념 04 ❶ 뺄 ❷ °

개념 05 도형 안에 있는 모든 각의 크기의 합

• ■각형의 ■개의 각의 크기의 합 구하기

> 삼각형의 세 각의 크기의 합은 180°입니다.

삼각형의 세 각의 크기의 합을 이용하여 도형의 모든 각의 크기의 합을 구할 수 있습니다.

예 도형 안에 있는 모든 각의 크기의 합 구하기

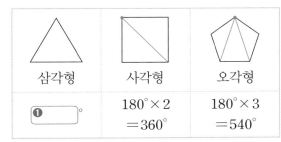

삼각형	사각형	오각형
❶ [ ]°	$180° \times 2$ $= 360°$	$180° \times 3$ $= 540°$

삼각형의 세 각의 크기의 합: 180°
사각형의 네 각의 크기의 합: $180° \times$ ❷[   ] $= 360°$
오각형의 다섯 각의 크기의 합: $180° \times 3 = 540°$
⋮

> ■각형의 ■개의 각의 크기의 합: $180° \times (■ - 2)$

확인 05 육각형의 여섯 각의 크기의 합을 구하려고 합니다. ☐ 안에 알맞은 수를 써넣으시오.

(여섯 각의 크기의 합)
$= 180° \times$ [   ] $=$ [   ] °

■각형은 삼각형
(■−2)개로 나눌 수 있어요.

답 개념 05 ❶ 180 ❷ 2

개념 06 도형 밖에 있는 각의 크기 구하기

• 삼각형 밖에 있는 각의 크기 구하기

$50° + 70° + ㉡ = 180°$이고,
$㉠ + ㉡ = 180°$이므로
$㉠ = 50° + 70° =$ ❶[   ]°
입니다.

> 삼각형에서 바깥쪽의 각 ㉠은 바로 안쪽의 각 ㉡을 제외한 나머지 두 각의 크기의 합과 같습니다.

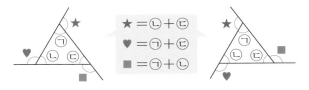

★ = ㉡ + ㉢
♥ = ㉠ + ㉢
■ = ㉠ + ㉡

• 사각형 밖에 있는 각의 크기 구하기

$75° + 90° + 115° + ㉡ = 360°$,
$㉡ = 360° - 115° - 90° - 75° =$ ❷[   ]°
➡ $㉠ = 180° - ㉡ = 180° - 80° = 100°$

확인 06 각 ㉣과 크기가 같은 것은 어느 것입니까?
·····································(   )

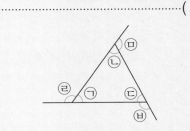

① ㉠ + ㉡   ② ㉡ + ㉢
③ ㉠ + ㉢   ④ ㉤ + ㉥
⑤ ㉡ + ㉥

답 개념 06 ❶ 120 ❷ 80

개념 07 평면도형을 여러 방향으로 밀기

(예) 도형을 오른쪽으로 9 cm 밀고 아래쪽으로 3 cm 밀기

① 오른쪽으로 9 cm 밀기
② 아래쪽으로 3 cm 밀기

도형을 어느 방향으로 밀어도 도형의 ❶ □과 크기는 변하지 않아요.

확인 07 도형을 아래쪽으로 2 cm 밀고 오른쪽으로 4 cm 밀었을 때의 도형을 그리시오.

개념 08 평면도형을 뒤집기

• 평면도형을 왼쪽 또는 오른쪽으로 뒤집으면 도형의 왼쪽과 ❶ □쪽의 방향이 서로 바뀝니다.
• 평면도형을 위쪽 또는 아래쪽으로 뒤집으면 도형의 위쪽과 ❷ □쪽의 방향이 서로 바뀝니다.
• 도형을 같은 방향으로 짝수 번 뒤집으면 처음 도형과 같습니다.

확인 08 도형을 오른쪽으로 뒤집었을 때의 도형을 그리시오.

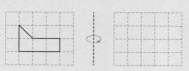

개념 09 평면도형을 돌리기

• 평면도형을 시계 방향으로 90°, 180°, 270°, 360°만큼 돌리면 도형의 위쪽 부분이 오른쪽, ❶ □쪽, 왼쪽, 위쪽으로 바뀝니다.
• 평면도형을 시계 반대 방향으로 90°, 180°, 270°, 360°만큼 돌리면 도형의 위쪽 부분이 ❷ □쪽, 아래쪽, 오른쪽, 위쪽으로 바뀝니다.

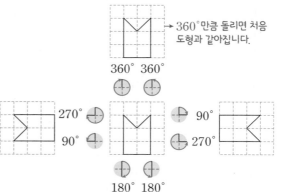

→ 360°만큼 돌리면 처음 도형과 같아집니다.

화살표 끝이 가리키는 위치가 같으면 도형을 돌렸을 때의 모양이 서로 같습니다.

확인 09 도형을 시계 방향으로 90°만큼 돌렸을 때의 도형을 그리시오.

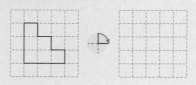

답 개념 07 ❶ 모양 개념 08 ❶ 오른 ❷ 아래

답 개념 09 ❶ 아래 ❷ 왼

개념 10 평면도형을 뒤집고 돌리기

· 뒤집고 돌리기:

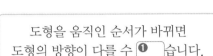

· 돌리고 뒤집기:

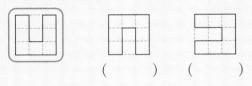

도형을 움직인 순서가 바뀌면
도형의 방향이 다를 수 **①** 습니다.

확인 10 주어진 도형을 위쪽으로 뒤집고 시계 방향으로 90°만큼 돌렸을 때의 도형에 ○표 하시오.

(   )   (   )

개념 11 처음 도형 그리기

처음 도형을 알아보려면 거꾸로 이동합니다.

| 돌리기 전 도형 | 돌린 방향은 반대로, 각도는 같게 이동 |
| 뒤집기 전 도형 | 뒤집은 방향과 반대로 이동 |

예 어떤 도형을 오른쪽으로 뒤집고 시계 방향으로 90°만큼 돌렸을 때의 도형을 보고 처음 도형 그리기
➡ 움직인 도형을 시계 **①** 방향으로 90°만큼 돌리고 **②** 쪽으로 뒤집으면 처음 도형이 됩니다.

확인 11 어떤 도형을 시계 방향으로 90°만큼 돌린 도형입니다. 처음 도형을 그리시오.

처음 도형   움직인 도형

개념 12 규칙적인 무늬를 보고 만든 방법 설명하기

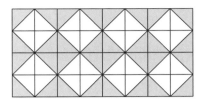

방법1 ◸ 모양을 시계 방향으로 **①** °만큼 돌리는 것을 반복해서 모양을 만들고 그 모양을 밀어서 무늬를 만들었습니다.

방법2 ◸ 모양을 오른쪽으로 뒤집는 것을 반복해서 모양을 만들고 그 모양을 **②** 쪽으로 뒤집어서 무늬를 만들었습니다.

방법3 ◸ 모양을 아래쪽으로 뒤집는 것을 반복해서 모양을 만들고 그 모양을 오른쪽으로 뒤집어서 무늬를 만들었습니다.

확인 12 △ 모양을 이용하여 규칙적인 무늬를 만든 것입니다. 만든 방법을 설명하시오.

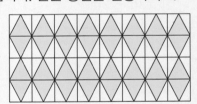

 모양을 아래쪽으로 [   ]를 반복해서 모양을 만들고 그 모양을 [   ]쪽으로 밀어서 무늬를 만들었습니다.

 무늬를 보고 밀기, 뒤집기, 돌리기를 이용하여 만든 방법을 설명해 봐요.

무늬를 만든 규칙을 여러 가지 방법으로 설명할 수 있어요.

답 개념 10 ❶ 있 개념 11 ❶ 반대 ❷ 왼

답 개념 12 ❶ 90 ❷ 아래(위)

2주 1일 개념 돌파 전략 2

01 시계의 긴바늘과 짧은바늘이 이루는 작은 쪽의 각이 예각, 직각, 둔각 중에서 어느 것인지 찾아 선으로 이으시오.

예각   직각   둔각

문제 해결 전략 [1]

각의 크기에 따라 예각, 직각, 둔각으로 구분합니다.

• 0°<(예각)<90°

• (직각)=90°

• ☐°<(둔각)<☐°

02 가장 큰 각도를 찾아 기호를 쓰시오.

㉠ 135°−20°   ㉡ 75°+60°   ㉢ 40°+85°

(   )

문제 해결 전략 [2]

각도의 합과 차를 계산한 후 각도를 비교하여 가장 ☐ 각도를 찾아 ☐를 씁니다.

03 ☐ 안에 알맞은 수를 써넣으시오.

(1)
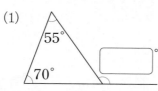

(2)
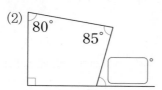

> 삼각형의 바깥쪽 각의 크기는 바로 안쪽 각을 제외한 나머지 두 각의 크기의 합과 같음을 이용하면 쉽게 구할 수 있어요.

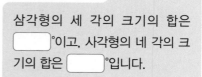

문제 해결 전략 [3]

삼각형의 세 각의 크기의 합은 ☐°이고, 사각형의 네 각의 크기의 합은 ☐°입니다.

답 [1] 90, 180 [2] 큰, 기호 [3] 180, 360

04 도형을 오른쪽과 아래쪽으로 뒤집었을 때의 도형을 각각 그리시오.

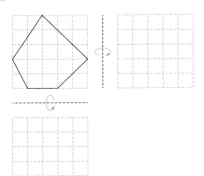

도형을 어느 방향으로 뒤집느냐에 따라 모양이 달라져요.

문제 해결 전략 4

• 도형을 오른쪽으로 뒤집으면 도형의 ☐쪽과 오른쪽의 방향이 서로 바뀝니다.

• 도형을 아래쪽으로 뒤집으면 도형의 ☐쪽과 아래쪽의 방향이 서로 바뀝니다.

05 도형을 오른쪽으로 뒤집고 시계 방향으로 270°만큼 돌렸을 때의 도형을 그리시오.

문제 해결 전략 5

• 도형을 오른쪽으로 뒤집으면 도형의 왼쪽과 오른쪽의 ☐이 서로 바뀝니다.

• 도형을 시계 방향으로 270°만큼 돌린 모양은 도형을 시계 반대 방향으로 ☐°만큼 돌린 모양과 같습니다.

06 무늬의 규칙을 설명한 것입니다. 알맞은 말에 ◯표 하시오.

☐ 모양을 오른쪽으로 (미는 , 뒤집는) 것을 반복해서 모양을 만들고, 그 모양을 아래쪽으로 (밀어서 , 뒤집어서) 무늬를 만들었습니다.

문제 해결 전략 6

• 도형을 밀면 위치는 변하지만 모양과 ☐는 변하지 않습니다.

• 도형을 오른쪽으로 뒤집으면 왼쪽과 오른쪽의 방향이 서로 ☐.

답 **4** 왼, 위 **5** 방향, 90 **6** 크기, 바뀝니다

핵심 예제 ❶

큰 각도부터 차례로 기호를 쓰시오.

> ㉠ $190°-40°$ ㉡ $95°+65°$ ㉢ $76°+83°$

( )

전략

각도의 합과 차를 계산하여 ㉠, ㉡, ㉢의 각도를 각각 구한 후 크기를 비교하여 큰 각도부터 차례로 기호를 씁니다.

풀이

㉠ $190°-40°=150°$
㉡ $95°+65°=160°$
㉢ $76°+83°=159°$
⇨ ㉡ $160°>$ ㉢ $159°>$ ㉠ $150°$

답 ㉡, ㉢, ㉠

1-1 큰 각도부터 차례로 기호를 쓰시오.

> ㉠ $35°+55°$ ㉡ $100°-15°$ ㉢ $64°+16°$

( )

1-2 큰 각도부터 차례로 기호를 쓰시오.

> ㉠ $146°-13°$ ㉡ $58°+76°$
> ㉢ $170°-38°$ ㉣ $43°+87°$

( )

핵심 예제 ❷

그림에서 찾을 수 있는 크고 작은 둔각은 모두 몇 개입니까?

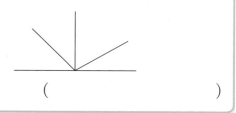

( )

전략

각 2개로 이루어진 둔각과 각 3개로 이루어진 둔각을 모두 찾습니다.

풀이

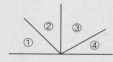

크고 작은 각 중에서 각도가 90°보다 크고 180°보다 작은 각을 모두 찾습니다.

각 2개로 이루어진 둔각: ②+③ ⇨ 1개
각 3개로 이루어진 둔각: ①+②+③, ②+③+④ ⇨ 2개
따라서 찾을 수 있는 크고 작은 둔각은 모두 $1+2=3$(개)입니다.

답 3개

2-1 그림에서 찾을 수 있는 크고 작은 둔각은 모두 몇 개입니까?

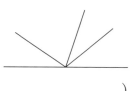

( )

2-2 그림에서 찾을 수 있는 크고 작은 둔각은 모두 몇 개입니까?

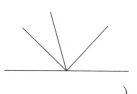

( )

핵심 예제 ❸

다음 도형에서 각 ㄱㄹㅁ과 각 ㄹㅁㄷ의 크기가 같습니다. 각 ㄱㄴㅁ의 크기를 구하시오.

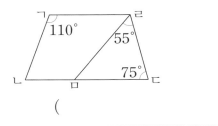

(   )

전략

각 ㄹㅁㄷ, 각 ㄱㄹㅁ의 크기를 구하고 사각형 ㄱㄴㄷㄹ의 네 각의 크기의 합을 이용하여 각 ㄱㄴㅁ의 크기를 구합니다.

풀이

삼각형 ㄹㅁㄷ에서 (각 ㄹㅁㄷ)=180°−55°−75°=50° 이고, (각 ㄱㄹㅁ)=(각 ㄹㅁㄷ)=50°입니다.
사각형 ㄱㄴㄷㄹ의 네 각의 크기의 합은 360°이므로
(각 ㄱㄴㅁ)=360°−110°−50°−55°−75°=70°입니다.

🖪 70°

3-1 다음 도형에서 각 ㄱㄹㅁ과 각 ㄹㅁㄷ의 크기가 같습니다. 각 ㄱㄴㅁ의 크기를 구하시오.

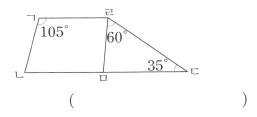

(   )

3-2 다음 도형에서 각 ㄱㅁㄴ과 각 ㅁㄷㄹ의 크기가 같습니다. 각 ㄴㄷㄹ의 크기를 구하시오.

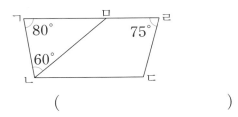

(   )

핵심 예제 ❹

오후 6시 30분부터 오후 11시 30분까지의 시각 중에서 시계의 긴바늘이 12를 가리키고 긴바늘과 짧은바늘이 이루는 작은 쪽의 각이 예각인 시각은 모두 몇 번 있습니까?

(   )

전략

주어진 시각 중에서 시계의 긴바늘이 12를 가리키는 시각을 모두 구하고, 그중 긴바늘과 짧은바늘이 이루는 작은 쪽의 각이 예각인 시각이 모두 몇 번인지 세어 봅니다.

풀이

시계의 긴바늘이 12를 가리키는 시각: ■시
오후 6시 30분과 오후 11시 30분 사이의 시각 중에서 긴바늘이 12를 가리키는 시각은 오후 7시, 오후 8시, 오후 9시, 오후 10시, 오후 11시입니다.

7시 (둔각)	8시 (둔각)	9시 (직각)	10시 (예각)	11시 (예각)

시계의 긴바늘과 짧은바늘이 이루는 작은 쪽의 각이 예각인 시각은 오후 10시, 오후 11시로 모두 2번 있습니다.

🖪 2번

4-1 오전 10시 30분부터 오후 5시 30분까지의 시각 중에서 시계의 긴바늘이 12를 가리키고 긴바늘과 짧은바늘이 이루는 작은 쪽의 각이 예각인 시각은 모두 몇 번 있습니까?

(   )

시계의 긴바늘이 12를 가리키고, 짧은바늘이 ●를 가리키면 ●시입니다.

2주

핵심 예제 ❺

주어진 도형을 왼쪽으로 7 cm 밀고 아래쪽으로 4 cm 밀었을 때의 도형을 그리시오.

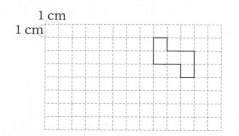

전략

주어진 도형의 한 점을 기준으로 왼쪽으로 7 cm, 아래쪽으로 4 cm 이동했을 때의 위치를 찾아 모양과 크기가 같은 도형을 그립니다.

풀이

① 왼쪽으로 7 cm 밀기 → ② 아래쪽으로 4 cm 밀기

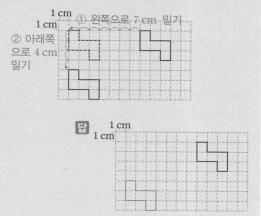

답

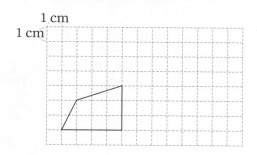

5-1 주어진 도형을 위쪽으로 3 cm 밀고 오른쪽으로 5 cm 밀었을 때의 도형을 그리시오.

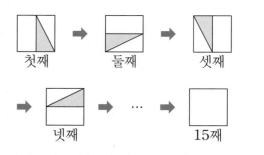

핵심 예제 ❻

일정한 규칙으로 도형을 움직인 것입니다. 15째에 알맞은 모양을 그리시오.

전략

도형이 움직인 규칙을 찾고 반복되는 부분을 찾아 15째에 알맞은 모양을 그립니다.

풀이

도형을 시계 방향으로 90°만큼씩 돌리는 규칙입니다.
시계 방향으로 360°만큼 돌린 도형은 처음 도형과 같으므로 첫째, 둘째, 셋째, 넷째 모양이 반복됩니다.
15÷4＝3…3이므로 15째에 알맞은 도형은 셋째 모양과 같습니다.

답

6-1 일정한 규칙으로 도형을 움직인 것입니다. 22째에 알맞은 모양을 그리시오.

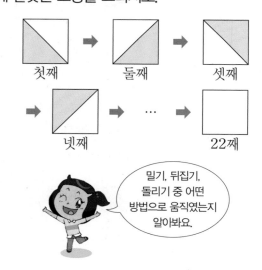

밀기, 뒤집기, 돌리기 중 어떤 방법으로 움직였는지 알아봐요.

핵심 예제 7

다음과 같이 수 카드의 위쪽에 거울을 대고 비추어 보았을 때 거울에 비친 수는 얼마입니까?

거울

35

(   )

전략

수 카드의 위쪽에 거울을 대고 비추어 보면 거울에 비친 수는 원래 수를 위쪽으로 뒤집은 것과 같습니다.

풀이

거울에 비친 모양은 거울을 놓은 쪽으로 뒤집은 모양과 같습니다.
따라서 주어진 수 카드를 위쪽으로 뒤집었을 때의 수를 구하면 32입니다.

답 32

7-1 다음과 같이 수 카드의 위쪽에 거울을 대고 비추어 보았을 때 거울에 비친 수는 얼마입니까?

거울

52

(   )

7-2 다음과 같이 수 카드의 오른쪽에 거울을 대고 비추어 보았을 때 거울에 비친 수는 얼마입니까?

82 | ← 거울

(   )

핵심 예제 8

도형을 아래쪽으로 밀고, 오른쪽으로 5번 뒤집은 다음 시계 방향으로 270°만큼 돌렸을 때의 도형을 그리시오.

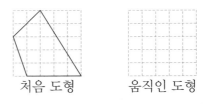

처음 도형　　　움직인 도형

전략

도형을 뒤집기나 돌리기 할 때 간단하게 이동하는 방법을 생각해 보고, 이동한 순서에 따라 이동합니다.

풀이

① 아래쪽으로 밀기: 도형의 모양과 크기가 변하지 않습니다.
② (오른쪽으로 5번 뒤집기)=(오른쪽으로 1번 뒤집기)
③ (시계 방향으로 270°만큼 돌리기)
　=(시계 반대 방향으로 90°만큼 돌리기)

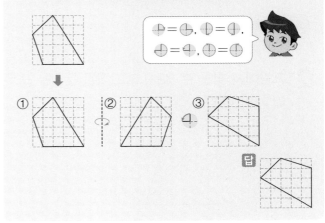

답

8-1 도형을 오른쪽으로 밀고, 아래쪽으로 7번 뒤집은 다음 시계 반대 방향으로 270°만큼 돌렸을 때의 도형을 그리시오.

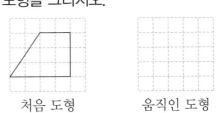

처음 도형　　　움직인 도형

2주

01 큰 각도부터 차례로 기호를 쓰시오.

> ㉠ 45°+35°
> ㉡ 150°보다 65° 작은 각도
> ㉢ 직각−25°
> ㉣ 20°보다 55° 큰 각도

(   )

Tip ①

각도의 합과 ☐를 계산하여 ㉠~㉣의 각도를 각각 구한 후 ☐ 각도부터 차례로 기호를 씁니다.

02 그림에서 찾을 수 있는 크고 작은 둔각은 모두 몇 개입니까?

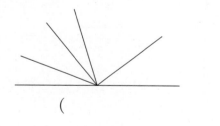

(   )

Tip ②

작은 각 2개, 3개, 4개로 이루어진 ☐각을 각각 찾고 개수를 모두 ☐합니다.

03 다음 도형에서 각 ㉠과 각 ㄱㅁㄴ의 크기가 같습니다. ㉠과 ㉡의 각도의 차를 구하시오.

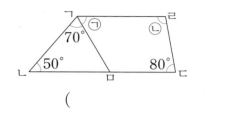

(   )

Tip ③

삼각형 ☐☐☐에서 각 ㄱㅁㄴ의 크기를 구하여 각 ㉠의 크기를 구하고, 사각형 ㄱㄴㄷㄹ의 네 각의 크기의 합을 이용하여 각 ☐의 크기를 구합니다.

04 윤호는 오전 8시 30분에 등교하여 7시간 후에 하교합니다. 윤호가 학교에 있는 시각 중에서 시계의 긴바늘이 12를 가리키고 긴바늘과 짧은바늘이 이루는 작은 쪽의 각이 예각인 시각은 모두 몇 번 있습니까?

(   )

Tip ④

① 윤호가 하교하는 시각을 알아봅니다.
② 등교 시각과 하교 시각 사이의 시각 중에서 시계의 긴바늘이 ☐를 가리키는 시각을 모두 구합니다.
③ 그중 긴바늘과 짧은바늘이 이루는 작은 쪽의 각이 ☐각인 시각이 모두 몇 번인지 세어 봅니다.

답 **Tip** ① 차, 큰 ② 둔, 더

답 **Tip** ③ ㄱㄴㅁ, ㉡ ④ 12, 예

05 주어진 도형을 아래쪽으로 5 cm 밀고 왼쪽으로 8 cm 밀었을 때의 도형을 그리시오.

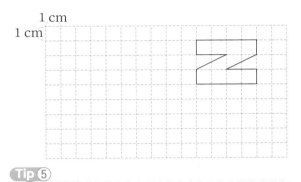

Tip 5

주어진 도형의 한 점을 기준으로 ☐쪽으로 5 cm, 왼쪽으로 ☐cm 이동했을 때의 위치를 찾아 모양과 크기가 같은 도형을 그립니다.

06 일정한 규칙으로 도형을 움직인 것입니다. 30째에 알맞은 모양을 그리시오.

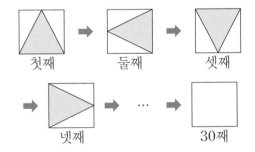

첫째　　둘째　　셋째

넷째　　…　　30째

Tip 6

도형이 움직인 규칙을 찾고 반복되는 부분을 찾아 ☐째에 알맞은 모양을 그립니다.

07 다음과 같이 수 카드의 왼쪽에 거울을 대고 비추어 보았을 때 거울에 비친 수는 얼마입니까?

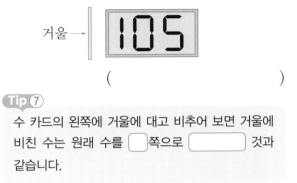

거울 →

(　　　　　　　)

Tip 7

수 카드의 왼쪽에 거울에 대고 비추어 보면 거울에 비친 수는 원래 수를 ☐쪽으로 ☐☐☐☐☐ 것과 같습니다.

08 도형을 아래쪽으로 밀고, 오른쪽으로 16번 뒤집은 다음 시계 반대 방향으로 270°만큼 돌렸을 때의 도형을 그리시오.

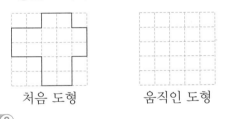

처음 도형　　　　움직인 도형

Tip 8

도형을 같은 방향으로 짝수 번 뒤집으면 처음 도형과 ☐☐☐☐☐.
도형을 돌릴 때 화살표 끝이 가리키는 위치가 같으면 도형을 돌렸을 때의 모양이 서로 ☐☐☐☐.

도형을 이동한 순서와 방법에 따라 차례로 이동해요.

답 **Tip** ⑤ 아래, 8 ⑥ 30

답 **Tip** ⑦ 왼, 뒤집은 ⑧ 같습니다, 같습니다

핵심 예제 ❶

직각을 크기가 같은 5개의 각으로 나누었습니다. 각 ㄷㅇㅂ의 크기를 구하시오.

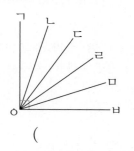

(   )

전략

각 ㄱㅇㄴ의 크기를 구한 후 각 ㄷㅇㅂ의 크기가 각 ㄱㅇㄴ의 몇 배인지를 이용하여 각 ㄷㅇㅂ의 크기를 구합니다.

풀이

직각(90°)을 똑같이 5개의 각으로 나누었으므로
(각 ㄱㅇㄴ)=90°÷5=18°입니다.
각 ㄷㅇㅂ은 각 ㄱㅇㄴ의 3배입니다.
⇨ (각 ㄷㅇㅂ)=(각 ㄱㅇㄴ)×3
　　　　　　　=18°×3=54°

답 54°

1-1 직각을 크기가 같은 6개의 각으로 나누었습니다. 각 ㄴㅇㅂ의 크기를 구하시오.

(   )

> ■°를 ▲번 더한 각의 크기는 ■°의 ▲배, 즉 ■°×▲예요.

핵심 예제 ❷

오른쪽 도형 안에 있는 6개의 각의 크기는 모두 같습니다. ㉠의 크기를 구하시오.

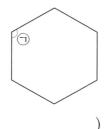

(   )

전략

도형을 삼각형으로 나누어 도형 안에 있는 6개의 각의 크기의 합을 구한 후 ㉠의 크기를 구합니다.

풀이

도형의 한 꼭짓점에서 다른 꼭짓점에 선분을 그으면 삼각형 4개로 나누어집니다.

(도형 안에 있는 6개의 각의 크기의 합)
=180°×4=720°
⇨ ㉠=720°÷6=120°

답 120°

2-1 오른쪽 도형 안에 있는 5개의 각의 크기는 모두 같습니다. ㉠의 크기를 구하시오.

(   )

2-2 오른쪽 도형 안에 있는 8개의 각의 크기는 모두 같습니다. ㉠의 크기를 구하시오.

(   )

핵심 예제 ❸

두 직각 삼각자를 겹쳐 놓았습니다. ㉠의 크기를 구하시오.

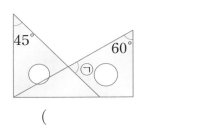

(   )

전략

삼각형의 세 각의 크기의 합을 이용하여 직각 삼각자의 각의 크기를 모두 구한 후 ㉠의 크기를 구합니다.

풀이

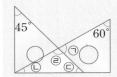

㉡=180°-60°-90°=30°
㉢=180°-45°-90°=45°
㉣=180°-30°-45°=105°
㉠=180°-105°=75°

답 75°

3-1 두 직각 삼각자를 겹쳐 놓았습니다. ㉠의 크기를 구하시오.

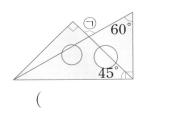

(   )

3-2 오른쪽 그림과 같이 두 직각 삼각자를 겹쳐 놓았습니다. ㉠의 크기를 구하시오.

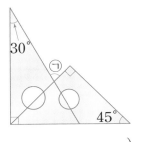

(   )

핵심 예제 ❹

다음과 같이 직사각형 모양의 종이를 접었습니다. 각 ㄱㅁㄷ의 크기를 구하시오.

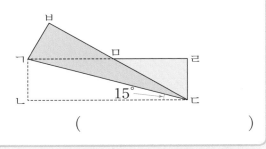

(   )

전략

종이를 접기 전의 부분과 접은 후의 부분의 각도가 같음을 이용하여 각 ㄱㅁㄷ의 크기를 구합니다.

풀이

(각 ㄱㄷㅂ)=(각 ㄱㄷㄴ)=15°
(각 ㄴㄷㅂ)=15°+15°=30°
(각 ㄹㄷㅁ)=90°-30°=60°
(각 ㄷㅁㄹ)=180°-90°-60°=30°
(각 ㄱㅁㄷ)=180°-30°=150°

종이를 접기 전의 각 ㄱㄷㄴ과 접은 후의 각 ㄱㄷㅂ의 크기가 같아요.

답 150°

4-1 다음과 같이 직사각형 모양의 종이를 접었습니다. 각 ㄴㅂㄹ의 크기를 구하시오.

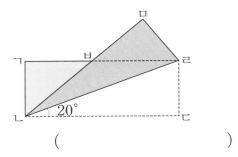

(   )

직사각형은 네 각이 모두 직각이에요.

2주

핵심 예제 5

주어진 도형을 시계 방향으로 90°만큼 10번 돌렸을 때의 도형을 그리시오.

처음 도형

움직인 도형

전략

도형을 같은 방향으로 90°만큼 4번 돌리면 처음 도형과 같음을 이용하여 도형을 이동합니다.

풀이

(⊕와 같이 4번 돌리기)=(⊕와 같이 돌리기)
　　　　　　　　　　　　=(처음 도형)이고,

$10 \div 4 = 2 \cdots 2$이므로

(⊕와 같이 10번 돌리기)=(⊕와 같이 2번 돌리기)
　　　　　　　　　　　　　=(⊕와 같이 돌리기)입니다.

답

5-1 주어진 도형을 시계 방향으로 90°만큼 25번 돌렸을 때의 도형을 그리시오.

처음 도형

움직인 도형

도형을 시계 방향으로 360°만큼 돌리면 처음 도형과 같아요.

핵심 예제 6

보기는 처음 도형과 한 번 움직인 도형입니다. 보기와 같은 방법으로 다음 도형을 한 번 움직였을 때의 도형을 그리시오.

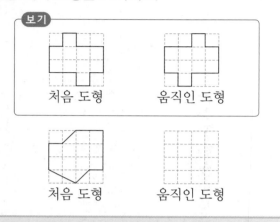
보기
처음 도형　　움직인 도형

처음 도형　　움직인 도형

전략

도형의 이동 방법을 알아보고 주어진 도형을 보기와 같은 방법으로 이동합니다.

풀이

도형의 왼쪽과 오른쪽의 방향이 서로 바뀌었으므로 도형을 왼쪽 또는 오른쪽으로 뒤집은 것입니다. 따라서 주어진 도형을 왼쪽 또는 오른쪽으로 뒤집은 도형을 그립니다.

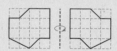
답

6-1 보기는 처음 도형과 한 번 움직인 도형입니다. 보기와 같은 방법으로 다음 도형을 한 번 움직였을 때의 도형을 그리시오.

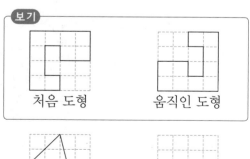
보기
처음 도형　　움직인 도형

처음 도형

움직인 도형

핵심 예제 7

어떤 도형을 왼쪽으로 뒤집고 시계 반대 방향으로 90°만큼 돌렸을 때의 도형이 다음과 같았습니다. 처음 도형을 그리시오.

처음 도형

움직인 도형

전략

움직인 방법을 거꾸로 생각하여 이동하면 처음 도형을 구할 수 있습니다.

풀이

• 도형을 움직인 방법:
 왼쪽으로 뒤집기 → 시계 반대 방향으로 90°만큼 돌리기

• 처음 도형을 구하는 방법(거꾸로 움직이기):
 시계 방향으로 90°만큼 돌리기 → 오른쪽으로 뒤집기

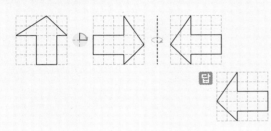

답

핵심 예제 8

지호는 다음 수 카드를 철봉에 거꾸로 매달려서 보았습니다. 수 카드에 적힌 수와 철봉에 매달려 보았을 때의 수의 차를 구하시오.

(   )

전략

수 카드에 적힌 수를 철봉에 거꾸로 매달려서 보았을 때의 수를 구한 후 수 카드에 적힌 수와의 차를 구합니다.

풀이

철봉에 거꾸로 매달려서 보는 모양은 시계 방향 또는 시계 반대 방향으로 180°만큼 돌린 모양과 같습니다.
주어진 수 카드를 시계 방향으로 180°만큼 돌렸을 때의 수는 902입니다.

⇨ 902−206=696

답 696

7-1 어떤 도형을 위쪽으로 뒤집고 시계 방향으로 90°만큼 돌렸을 때의 도형이 다음과 같았습니다. 처음 도형을 그리시오.

처음 도형

움직인 도형

8-1 형주는 다음 수 카드를 철봉에 거꾸로 매달려서 보았습니다. 수 카드에 적힌 수와 철봉에 매달려 보았을 때의 수의 차를 구하시오.

(   )

각각의 숫자를 돌리는 것이 아니라 수 카드 전체를 돌려야 해요.

2주

01 정은이는 원 모양의 피자를 크기가 똑같은 8개의 조각으로 나눈 다음 3조각을 먹었습니다. ㉠의 각도를 구하시오.

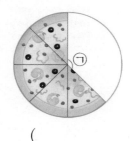

( )

Tip ①

피자 한 조각의 각도는 360°를 똑같이 ☐로 나눈 것과 같습니다.
㉠의 각도는 피자 한 조각의 각도의 ☐배와 같습니다.

02 주어진 도형 안에 있는 10개의 각의 크기는 모두 같습니다. ㉠의 크기를 구하시오.

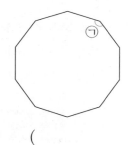

( )

Tip ②

각이 10개인 도형의 한 꼭짓점에서 다른 꼭짓점에 선분을 그으면 삼각형 ☐개로 나누어집니다.
10개의 각의 크기의 합은 180°×☐이고 ㉠의 10배와 같습니다.

03 두 직각 삼각자를 겹쳐 놓았습니다. ㉠의 크기를 구하시오.

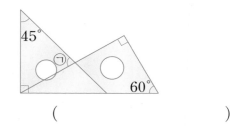

( )

Tip ③

직각 삼각자의 한 각은 직각(☐°)입니다.
삼각형의 ☐ 각의 크기의 합이 180°임을 이용하여 직각 삼각자의 나머지 각의 크기를 구한 후 ㉠의 크기를 구합니다.

04 다음과 같이 직사각형 모양의 종이를 접었습니다. 각 ㄱㅂㄷ의 크기를 구하시오.

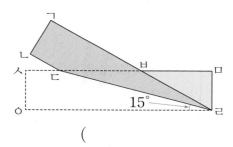

( )

Tip ④

종이를 접기 전의 부분과 접은 후의 부분의 각도가 ☐으므로 각 ☐☐☐과 각 ㄷㄹㄱ의 크기가 같습니다.

답 Tip ① 8, 3 ② 8, 8

답 Tip ③ 90, 세 ④ 같, ㄷㄹㅇ

05 주어진 도형을 시계 방향으로 90°만큼 7번 돌리고 시계 반대 방향으로 180°만큼 2번 돌렸을 때의 도형을 그리시오.

처음 도형　　　　움직인 도형

Tip ⑤

· 도형을 시계 방향으로 90°만큼 4번 돌리면 처음 도형과 _____.
· 도형을 시계 반대 방향으로 180°만큼 2번 돌리면 처음 도형과 _____.

06 보기 는 처음 도형과 한 번 움직인 도형입니다. 보기 와 같은 방법으로 다음 도형을 한 번 움직였을 때의 도형을 그리시오.

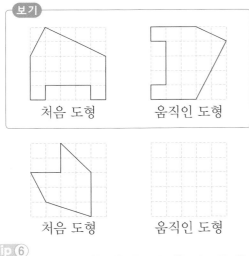

처음 도형　　　　움직인 도형

Tip ⑥

보기 에 있는 도형은 밀기, 뒤집기, _____ 중 어느 방법으로 움직였는지 알아보고 주어진 도형을 같은 방법으로 이동합니다.

07 어떤 도형을 왼쪽으로 뒤집고 시계 방향으로 270°만큼 돌렸을 때의 도형이 다음과 같았습니다. 처음 도형을 그리시오.

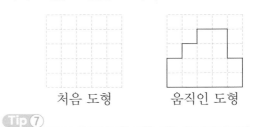

처음 도형　　　　움직인 도형

Tip ⑦

처음 도형은 움직인 도형을 시계 _____ 방향으로 270°만큼 돌리고 _____쪽으로 뒤집은 도형과 같습니다.

08 지민이는 다음 수 카드를 철봉에 거꾸로 매달려서 보았습니다. 수 카드에 적힌 수와 철봉에 매달려 보았을 때의 수의 차를 구하시오.

(　　　　　　　　　)

Tip ⑧

철봉에 거꾸로 매달려서 보는 모양은 시계 방향 또는 시계 반대 방향으로 _____°만큼 _____ 모양과 같습니다.

답 Tip ⑤ 같습니다, 같습니다　⑥ 돌리기

답 Tip ⑦ 반대, 오른　⑧ 180, 돌린

2주

01 큰 각도부터 차례로 기호를 쓰시오.

> ㉠ $162° - 33°$ ㉡ $72° + 56°$ ㉢ $180° - 54°$

(   )

02 그림에서 찾을 수 있는 크고 작은 둔각은 모두 몇 개입니까?

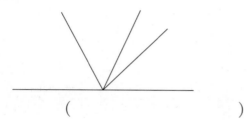

(   )

03 오전 8시 30분부터 오후 12시 30분까지의 시각 중에서 시계의 긴바늘이 12를 가리키고 긴바늘과 짧은바늘이 이루는 작은 쪽의 각이 예각인 시각은 모두 몇 번 있습니까?

(   )

04 다음과 같이 수 카드의 아래쪽에 거울을 대고 비추어 보았을 때 거울에 비친 수는 얼마입니까?

←거울

(   )

05 도형을 아래쪽으로 밀고, 아래쪽으로 5번 뒤집은 다음 시계 방향으로 180°만큼 돌렸을 때의 도형을 그리시오.

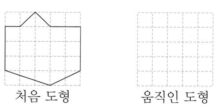

처음 도형   움직인 도형

아래쪽으로 2번 뒤집으면 처음 도형과 같아요.

06 직각을 크기가 같은 6개의 각으로 나누었습니다. 각 ㄹㅇㅅ의 크기를 구하시오.

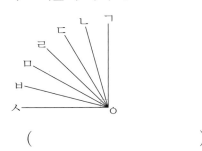

(   )

07 다음과 같이 직사각형 모양의 종이를 접었습니다. 각 ㄱㅁㄷ의 크기를 구하시오.

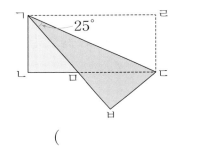

(   )

08 주어진 도형을 시계 반대 방향으로 90°만큼 14번 돌렸을 때의 도형을 그리시오.

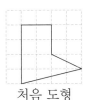 

처음 도형   움직인 도형

09 어떤 도형을 왼쪽으로 뒤집고 시계 반대 방향으로 90°만큼 돌렸을 때의 도형이 다음과 같았습니다. 처음 도형을 그리시오.

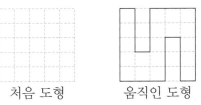

처음 도형   움직인 도형

10 소희는 다음 수 카드를 철봉에 거꾸로 매달려서 보았습니다. 수 카드에 적힌 수와 철봉에 매달려 보았을 때의 수의 차를 구하시오.

586

(   )

먼저 철봉에 거꾸로 매달려 보았을 때의 수를 구해 보세요.

01 칠교판 조각으로 만든 모양에 표시된 각 ①~⑥을 예각, 직각, 둔각으로 분류하시오.

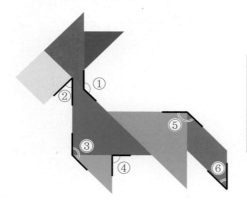

예각	
직각	
둔각	

Tip ①
- 예각: 0°보다 크고 90°보다 작은 각
- 직각: ☐°
- 둔각: 90°보다 크고 ☐°보다 작은 각

02 은영이가 설정한 휴대폰의 잠금 패턴입니다. 예각과 둔각 중에서 어느 것이 몇 개 더 많은지 구하시오.

점과 점 사이의 간격은 모두 일정해요.

(   ), (   )

Tip ②
표시된 5개의 각을 예각, 직각, 둔각으로 구분한 후 예각과 ☐각의 개수를 비교하고 ☐를 구합니다.

답 Tip ① 90, 180 ② 둔, 차

03 선풍기 날개 사이의 각도는 일정합니다. 날개가 4개인 선풍기의
날개 사이의 각도와 날개가 5개인 선풍기의 날개 사이의 각도의
차를 구하시오.

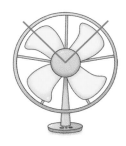 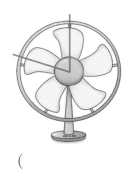

(   )

Tip 3

선풍기 날개 사이의 각도가 일정하
므로 ☐°를 선풍기의 날개 수로
나누면 날개 사이의 ☐를 구할
수 있습니다.

04 대한민국 서울의 시각이 12시일 때 여러 나라 도시의 시각은 다음과
같습니다. 이 중에서 긴바늘과 짧은바늘이 이루는 작은 쪽의 각이
가장 큰 도시를 쓰고, 각도를 구하시오.

뉴질랜드   캐나다   이집트
웰링턴   오타와   카이로

웰링턴의 시각은 서울보다
빠르고, 오타와 카이로의
시각은 서울보다 느려요!

도시 (   )

각도 (   )

Tip 4

시계의 긴바늘과 짧은바늘이 많이
벌어져 있을수록 두 바늘이 이루는
각의 크기가 ☐니다.
시계의 숫자 눈금 1부터 12까지
☐칸이 일정한 간격으로 나누어
져 있습니다.

세계 표준시를
기준으로 하여 정한 세계
각 지역의 시간 차이를
시차라고 해요.

답 Tip ③ 360, 각도 ④ 큼, 12

[05 ~ 06] 노란색 조각을 놀이판 밖으로 완전히 빼내려고 합니다. 모양 조각은 위쪽, 아래쪽, 왼쪽, 오른쪽으로만 밀 수 있습니다. 물음에 답하시오.

05 노란색 조각을 놀이판 밖으로 완전히 빼내려면 어떻게 움직여야 하는지 ☐ 안에 알맞은 수나 말을 써넣으시오.

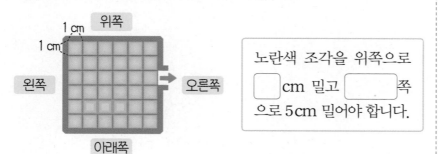

노란색 조각을 위쪽으로 ☐ cm 밀고 ☐쪽으로 5 cm 밀어야 합니다.

Tip ⑤
노란색 조각을 놀이판 밖으로 완전히 빼내려면 어느 쪽으로 몇 cm ☐ 어야 하는지 알아봅니다.
놀이판에서 작은 정사각형의 한 변의 길이가 ☐ cm이므로 움직여야 하는 칸 수를 세어 구합니다.

06 노란색 조각을 놀이판 밖으로 완전히 빼내려면 각각의 조각을 어떻게 움직여야 하는지 알아보려고 합니다. 두 사람의 대화를 완성하시오.

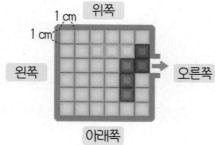

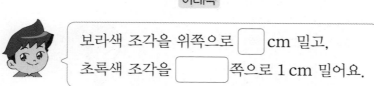

보라색 조각을 위쪽으로 ☐ cm 밀고, 초록색 조각을 ☐쪽으로 1 cm 밀어요.

그다음 노란색 조각을 아래쪽으로 ☐ cm 밀고, ☐쪽으로 적어도 ☐ cm 밀어야 해요.

Tip ⑥
노란색 조각을 빼내기 위해 먼저 보라색 조각과 ☐색 조각을 출구를 막지 않는 위치로 움직인 후 ☐색 조각을 움직입니다.

답 Tip ⑤ 밀, 1 ⑥ 초록, 노란

07 조각을 움직여서 퍼즐을 완성하려고 합니다. ㉠과 ㉡을 채우려면 어느 조각을 어떻게 움직여야 하는지 구하시오.

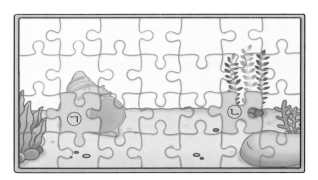

가   나   다   라

㉠ ⇨ ☐ 조각을 ＿＿＿＿＿＿＿＿＿＿＿＿＿＿＿＿＿＿＿ 합니다.

㉡ ⇨ ☐ 조각을 ＿＿＿＿＿＿＿＿＿＿＿＿＿＿＿＿＿＿＿ 합니다.

Tip ⑦

퍼즐에서 ㉠과 ㉡의 모양을 살펴보고 ☐ 은 모양 조각을 찾은 다음 밀기, 뒤집기, ☐＿＿＿ 중에서 어떤 방법으로 움직여야 하는지 알아봅니다.

08 보물 상자를 열기 위해서는 자물쇠의 비밀번호를 알아야 합니다. 비밀번호는 다섯 자리 수이고, 아래의 암호를 풀면 알 수 있습니다. 빈칸에 결과를 써넣어 암호를 풀어 보시오.

암호	ㅊ	ㅡ	ㄹ	ㅁ	ㅜ	ㄱ	ㅇ	ㅗ
실마리								
결과								

암호	ㅍ	ㅐ	ㄴ	ㄴ	ㅓ	ㅅ	ㅣ	ㅂ
실마리								
결과								

(　　　　　　　　　　)

Tip ⑧

암호를 실마리에 있는 ☐＿＿＿ 와 돌리기를 이용하여 움직여서 실제 문자를 구한 후 다섯 자리 ☐ 로 나타냅니다.

답 **Tip** ⑦ 같, 돌리기 ⑧ 뒤집기, 수

01 기본 단위만으로 너무 크거나 작은 양을 효율적으로 측정하기 어려울 때 보조 단위를 사용합니다. 다음은 모든 나라에서 공통으로 사용하는 보조 단위입니다. ☐ 안에 알맞은 수를 써넣으시오.

기호	단위	나타내는 수
K	킬로	1000
M	메가	100만
G	기가	10억
T	테라	1조

1 테라(T)

= ☐ 기가(G)

= ☐ 메가(M)

= ☐ 킬로(K)

= ☐

100K는
100000(십만)
이에요.

02 화살표의 방향을 따라 이동하면서 규칙에 맞게 빈 곳에 알맞은 수를 써넣으시오.

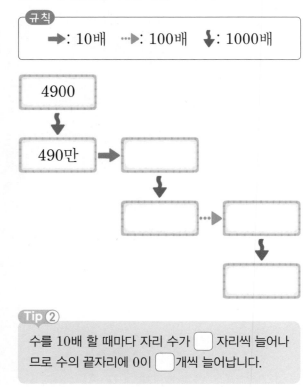

규칙
➡: 10배　┅▶: 100배　⬇: 1000배

4900
490만

화살표의 방향과
모양을 확인하여 10배,
100배, 1000배 한 수를
써넣어요.

답 Tip ① G, 킬로　　　　답 Tip ② 한, 1

03 다음과 같이 2가지 종류의 직각 삼각자가 있습니다. 직각 삼각자 2개를 다음과 같이 놓았을 때, 표시된 각의 크기를 구하시오.

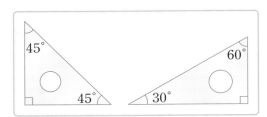

(1)

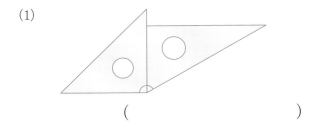

(   )

(2)

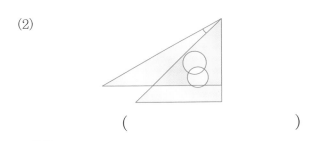

(   )

Tip ③

왼쪽 직각 삼각자의 세 각의 크기는 45°, 45°, ☐°이고, 오른쪽 직각 삼각자의 세 각의 크기는 30°, ☐°, 90°입니다.

04 여러 개의 별들이 이어진 모습에 그와 비슷하게 생긴 동물, 물건, 신화 속 인물의 이름을 붙인 것을 별자리라고 합니다. 다음 별자리는 사자자리로 그리스 신화의 거인 헤라클레스에게 잡힌 큰 사자와 모양이 비슷하여 붙인 이름입니다. 사자자리에 표시된 9개의 각 중에서 둔각은 모두 몇 개인지 구하시오.

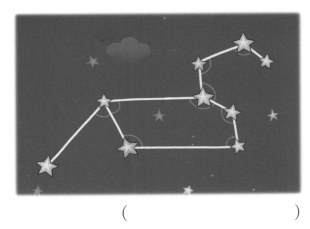

(   )

Tip ④

사자자리에 표시된 각 중에서 각도가 ☐°보다 크고 ☐°보다 작은 각을 모두 찾고 개수를 세어 봅니다.

표시된 9개의 각을 예각, 직각, 둔각으로 구분해 보세요.

답 **Tip** ③ 90, 60

답 **Tip** ④ 90, 180

05 삼각형을 세 조각으로 잘랐습니다. 한 조각이 왼쪽과 같을 때 나머지 두 조각을 찾아 모두 ○표 하시오.

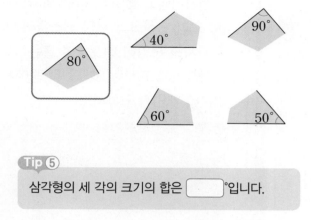

Tip 5

삼각형의 세 각의 크기의 합은 [   ]°입니다.

06 사각형을 네 조각으로 잘랐습니다. 두 조각이 왼쪽과 같을 때 나머지 두 조각을 찾아 모두 ○표 하시오.

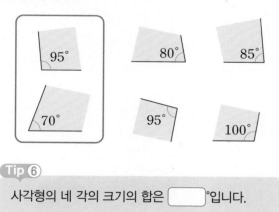

Tip 6

사각형의 네 각의 크기의 합은 [   ]°입니다.

07 모눈종이에 초록색 색연필로 그린 도형이 노란색 색종이 밑에 놓여 있습니다. 도형의 절반을 위쪽과 아래쪽으로 밀었을 때의 모양이 다음과 같습니다. 모눈종이에 그린 도형을 그리시오.

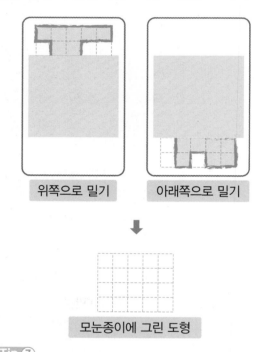

위쪽으로 밀기　　아래쪽으로 밀기

모눈종이에 그린 도형

Tip 7

도형을 어느 방향으로 밀어도 도형의 [   ]과 크기는 변하지 않습니다.

위쪽과 아래쪽으로 밀었을 때의 모양으로 전체 모양을 추측해 보세요.

답 **Tip** ⑤ 180 ⑥ 360

답 **Tip** ⑦ 모양

08 다음과 같이 1부터 9까지의 숫자가 적혀 있는 표를 시계 방향으로 90°만큼 10번, 20번, 30번, 40번 돌렸을 때, 색칠한 곳에 있는 숫자로 네 자리 수의 비밀번호를 만들었습니다. 비밀번호를 구하시오.

1	2	3
4	5	6
7	8	9

천의 자리	백의 자리	십의 자리	일의 자리
10번	20번	30번	40번

(   )

Tip 8

도형을 시계 방향으로 90°만큼 4번 돌릴 때마다 처음 도형과 같아지므로 도형을 시계 방향으로 90°만큼 ☐번, 8번, 12번, … 돌리면 처음 도형과 ☐습니다.

09 물을 흐르게 하려면 관을 연결해야 합니다. 관 조각을 돌려서 관을 연결하려고 합니다. 돌린 후의 그림에 연결한 관 조각을 그리고, 각각의 관 조각을 어떻게 돌렸는지 설명하시오.

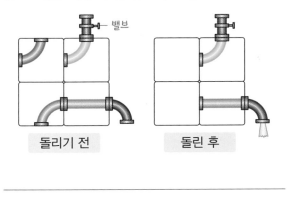

돌리기 전   돌린 후

_____

_____

_____

_____

Tip 9

밸브가 있는 위쪽 관과 연결된 노란색 관부터 수도 꼭지와 연결된 초록색 관까지 하나로 연결하려면 파란색 관 조각과 ☐색 관 조각을 ☐려야 합니다.

어느 색 관 조각을 어느 방향으로 몇 도만큼 돌려야 하는지 설명해 보세요.

답 Tip 8 4, 같

답 Tip 9 보라, 돌

고난도 해결 전략 1회

01 십조의 자리 숫자를 ㉠, 억의 자리 숫자를 ㉡, 천만의 자리 숫자를 ㉢이라고 할 때, ㉠+㉡+㉢의 값을 구하시오.

3519409873210860

( )

02 다음을 수로 썼을 때 0은 1보다 몇 개 더 많습니까?

사백이십조 오천삼백팔십억
이백십만 구천백육십일

( )

03 두 수의 크기를 비교하여 더 큰 수의 기호를 쓰시오.

㉠ 조가 7500개, 억이 4930개인 수
㉡ 7462조에서 10조씩 4번 뛰어 센 수

( )

10조씩 뛰어 세면 십조의 자리 숫자가 1씩 커져요.

04 두 수 ㉠과 ㉡에서 숫자 5가 나타내는 값의 합을 구하시오.

㉠ 2756311400
㉡ 60159823740000

( )

05 규칙에 따라 뛰어 세었습니다. ♥에 알맞은 수를 구하시오.

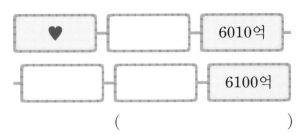

( )

06 1부터 9까지의 수 중에서 □ 안에 들어갈 수 있는 수는 모두 몇 개입니까?

8462795301356 > 846□786009253

( )

07 민규와 영지의 저금통에 들어 있는 돈은 각각 다음과 같습니다. 두 사람의 저금통에 들어 있는 돈은 모두 얼마인지 알아보시오.

민규

영지

(1) 민규의 저금통에 들어 있는 돈은 얼마인지 구하시오.

( )

(2) 영지의 저금통에 들어 있는 돈은 얼마인지 구하시오.

( )

(3) 두 사람의 저금통에 들어 있는 돈은 모두 얼마인지 구하시오.

( )

08 종이에 잉크가 떨어져 수의 일부분이 보이지 않습니다. 종이에 적힌 수가 다음 조건을 모두 만족할 때, 종이에 적힌 9자리 수는 얼마인지 알아보시오.

6 4 ■ 9 0 ■ 7 3

조건
- 각 자리 숫자의 합이 40입니다.
- 억의 자리 숫자는 백만의 자리 숫자보다 1만큼 더 큽니다.
- 십만의 자리 숫자는 백의 자리 숫자의 2배입니다.

(1) 억의 자리 숫자를 구하시오.

( )

(2) 십만의 자리 숫자와 백의 자리 숫자의 합을 구하시오.

( )

(3) 종이에 적힌 9자리 수를 구하시오.

( )

09 어떤 수에서 1000억씩 4번 뛰어 세어야 할 것을 잘못하여 100억씩 뛰어 세었더니 5조 6000억이 되었습니다. 바르게 뛰어 세기 한 수를 구하시오.

( )

10 4장의 수 카드를 모두 2번씩 사용하여 만들 수 있는 12자리 수 중에서 백만의 자리 숫자가 8인 가장 큰 수는 얼마입니까?

1 8 6 5 3 7

( )

12자리 수의 백만의 자리에 8을 먼저 써요.

>> 정답과 풀이 24쪽

11 □ 안에 0부터 9까지의 어느 숫자를 넣어도 됩니다. 물음에 답하시오.

㉠ 797□02□□185
㉡ 7996□5154□□
㉢ 79904□8□□53
㉣ 7□66420□7□4

(1) ㉠~㉣은 각각 몇 자리 수인지 구하시오.

㉠ ( )

㉡ ( )

㉢ ( )

㉣ ( )

(2) 가장 작은 수를 찾아 기호를 쓰시오.

( )

(3) 가장 큰 수를 찾아 기호를 쓰시오.

( )

(4) 큰 수부터 차례로 기호를 쓰시오.

( )

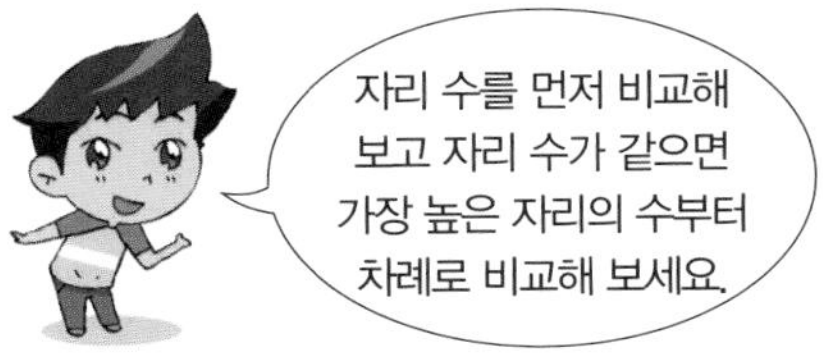
자리 수를 먼저 비교해 보고 자리 수가 같으면 가장 높은 자리의 수부터 차례로 비교해 보세요.

12 4조 1572억에서 3번 뛰어 세기 한 수가 11조 572억입니다. 같은 규칙으로 11조 572억에서 4번 뛰어 세기 한 수를 읽으시오.

(1) 몇씩 뛰어 세는 규칙입니까?

( )

(2) 같은 규칙으로 11조 572억에서 4번 뛰어 센 수를 쓰시오.

( )

(3) (2)에서 구한 수를 읽으시오.

( )

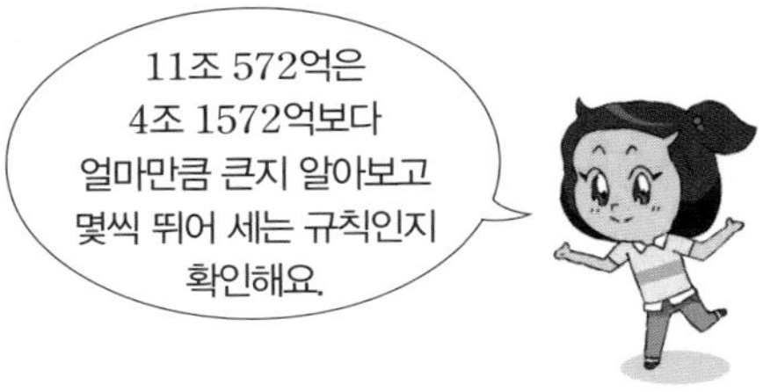
11조 572억은 4조 1572억보다 얼마만큼 큰지 알아보고 몇씩 뛰어 세는 규칙인지 확인해요.

01 큰 각도부터 차례로 기호를 쓰시오.

> ㉠ $145°+55°$
> ㉡ $360°$보다 $165°$ 작은 각도
> ㉢ 직각 $+115°$
> ㉣ $15°$보다 $175°$ 큰 각도

( )

02 원 모양의 상자에 크기가 똑같은 샌드위치 6조각이 담겨 있었는데 그중 4조각을 먹고 2조각이 남았습니다. ㉠의 각도를 구하시오.

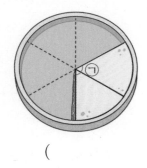

( )

03 다음 도형에서 각 ㉠과 각 ㄱㅁㄴ의 크기가 같습니다. ㉠과 ㉡의 각도의 차는 몇 도인지 알아보시오.

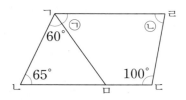

(1) ㉠의 각도를 구하시오.

( )

(2) ㉡의 각도를 구하시오.

( )

(3) ㉠과 ㉡의 각도의 차를 구하시오.

( )

삼각형 ㄱㄴㅁ에서 각 ㄱㅁㄴ의 크기를 구할 수 있어요.

04 두 직각 삼각자를 겹쳐 놓았습니다. ㉠의 크기를 구하시오.

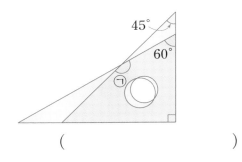

(   )

05 다음과 같이 직사각형 모양의 종이를 접었습니다. 각 ㅁㅇㅅ의 크기를 구하시오.

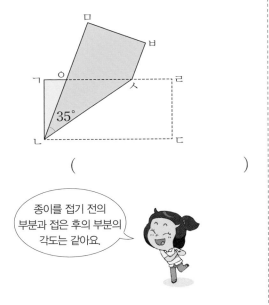

(   )

종이를 접기 전의 부분과 접은 후의 부분의 각도는 같아요.

06 현성이는 오전 10시 30분에 놀이공원에 입장하여 6시간 후에 놀이공원에서 나왔습니다. 현성이가 놀이공원에 있던 시각 중에서 시계의 긴바늘이 12를 가리키고 긴바늘과 짧은바늘이 이루는 작은 쪽의 각이 둔각인 시각은 모두 몇 번 있는지 알아보시오.

(1) 현성이가 놀이공원에서 나온 시각을 구하시오.

(   )

(2) 현성이가 놀이공원에 있던 시각 중에서 시계의 긴바늘이 12를 가리키는 시각을 모두 구하시오.

_____

_____

(3) (2)에서 구한 시각 중에서 시계의 긴바늘과 짧은바늘이 이루는 작은 쪽의 각이 둔각인 시각은 모두 몇 번 있습니까?

(   )

07 다음과 같이 3개의 도형을 겹치지 않게 이어 붙였습니다. 한 도형 안에 있는 각의 크기는 각각 모두 같을 때, ㉠의 크기를 구하시오.

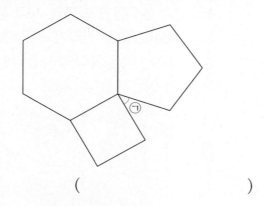

(   )

08 일정한 규칙으로 도형을 움직인 것입니다. 75째에 알맞은 모양을 그리시오.

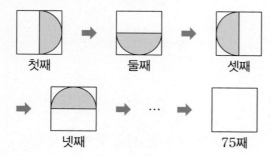

09 보기 는 처음 도형과 한 번 움직인 도형입니다. 물음에 답하시오.

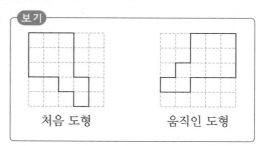

보기

처음 도형   움직인 도형

(1) 보기 에서 도형을 움직인 방법을 설명하시오.

_____

_____

_____

(2) 보기 와 같은 방법으로 한 번 움직였을 때의 도형을 그리시오.

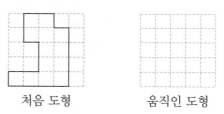

처음 도형   움직인 도형

도형을 밀기, 뒤집기, 돌리기 중 어떤 방법으로 움직였는지 알아보세요.

10 도형을 위쪽으로 밀고, 아래쪽으로 13번 뒤집은 다음 시계 방향으로 180°만큼 돌렸을 때의 도형을 그리시오.

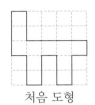　　　

처음 도형　　　　　　움직인 도형

11 어떤 도형을 위쪽으로 뒤집고 시계 방향으로 180°만큼 돌렸을 때의 도형이 다음과 같았습니다. 처음 도형을 그리시오.

처음 도형　　　　　　움직인 도형

12 4장의 수 카드를 한 번씩 사용하여 만들 수 있는 네 자리 수 중에서 가장 작은 네 자리 수와 세 번째로 작은 네 자리 수를 각각 시계 반대 방향으로 180°만큼 돌렸을 때 생기는 두 수의 차를 구하시오.

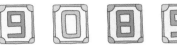

(1) 가장 작은 네 자리 수를 만드시오.

(　　　　　　　　)

(2) (1)에서 만든 수를 시계 반대 방향으로 180°만큼 돌렸을 때 생기는 수를 구하시오.

(　　　　　　　　)

(3) 세 번째로 작은 네 자리 수를 만드시오.

(　　　　　　　　)

(4) (2)에서 만든 수를 시계 반대 방향으로 180°만큼 돌렸을 때 생기는 수를 구하시오.

(　　　　　　　　)

(5) (2)와 (4)에서 구한 두 수의 차를 구하시오.

(　　　　　　　　)

가장 작은 수를 만들려면 가장 높은 자리부터 작은 수를 차례로 써야 해요. 단, 0은 맨 앞에 올 수 없어요.

가장 작은 수를 만든 다음 두 번째로 작은 수, 세 번째로 작은 수를 만들어 보세요.

우리 아이만
알고 싶은
상위권의
시작

최고를
경험해 본 아이의 성취감은
학년이 오를수록
빛을 발합니다

완 성

최고수준

초등수학

5-1

문제

* 1~6학년 / 학기 별 출시
동영상 강의 제공

book.chunjae.co.kr

교재 내용 문의 ·················· 교재 홈페이지 ▶ 초등 ▶ 교재상담

교재 내용 외 문의 ················ 교재 홈페이지 ▶ 고객센터 ▶ 1:1문의

발간 후 발견되는 오류 ··········· 교재 홈페이지 ▶ 초등 ▶ 학습지원 ▶ 학습자료실

일등공략 필승학습!
단기간에 끝장내자!

초등 **수학**
4·1

BOOK 2
진도북

 천재교육

21 필요한 눈금의 수 구하기

표를 보고 막대그래프로 나타내려고 합니다. 세로 눈금 한 칸이 4명을 나타내도록 그리려면 세로 눈금은 적어도 몇 칸 있어야 하는지 구하시오.

배우고 싶은 악기별 학생 수

악기	피아노	기타	바이올린	플루트	합계
학생 수(명)	20	24	16	8	68

( )

핵심 기억해야 할 것

표를 보고 막대그래프로 나타낼 때 가장 큰 수인 항목까지 나타낼 수 있을만큼 눈금이 있어야 합니다.

풀이

가장 큰 수인 항목은 기타로 24명이므로 세로 눈금은 적어도 ① 명까지 나타낼 수 있어야 합니다.

따라서 세로 눈금은 적어도 ② ÷ 4 = ③ (칸) 있어야 합니다.

가장 큰 수인 항목의 수를 눈금 한 칸이 나타내는 수로 나눈 값만큼 눈금이 필요해요.

답 ① 24 ② 24 ③ 6

---

22 막대그래프의 내용 설명하기

다음 막대그래프를 보고 알 수 있는 사실을 2가지 쓰시오.

종류별 꽃의 수

꽃의 수 (송이) \ 꽃	장미	백합	개나리	튤립
100				
50				
0				

①

②

핵심 기억해야 할 것

· 막대그래프에서 알 수 있는 내용
① 막대의 길이를 비교하여 항목별로 많고 적음을 비교할 수 있습니다.
② 항목별 수를 알 수 있습니다.
③ 항목별 수의 합을 이용하여 전체 조사한 수를 알 수 있습니다.

풀이

가장 많은 꽃은 막대의 길이가 가장 긴 ① 입니다.

가장 적은 꽃은 막대의 길이가 가장 짧은 ② 입니다.

장미는 ③ 송이입니다.

등을 알 수 있습니다.

답 ① 장미 ② 개나리 ③ 100

유형 20 막대그래프를 보고 표 완성하기

현원이네 반 학생들이 좋아하는 색을 조사하여 나타낸 막대그래프입니다. 막대그래프를 보고 표를 완성하시오.

좋아하는 색깔별 학생 수

(명)
10
5
0
빨강 파랑 노랑 보라
학생 수 / 색깔

좋아하는 색깔별 학생 수

색깔	빨강	파랑	노랑	보라	합계
학생 수(명)					

핵심 기억해야 할 것

막대그래프의 세로 눈금 한 칸의 크기를 알아보고 각 항목별 수를 알 수 있습니다.

풀이

막대그래프의 세로 눈금 5칸이 ① 명을 나타내므로 세로 눈금 한 칸은 ② 명을 나타냅니다.

따라서 좋아하는 학생 수가 빨강: 4명, 파랑: 9명, 노랑: 6명, 보라: 7명이고,

합계는 4+9+6+7 = ③ (명)입니다.

답 ① 5 ② 1 ③ 26

정답

좋아하는 색깔별 학생 수

색깔	빨강	파랑	노랑	보라	합계
학생 수(명)	4	9	6	7	26

유형 23 설명에 맞게 막대그래프 완성하기

수진이네 학교 4학년의 반별 학생 수를 조사하여 나타낸 막대그래프입니다. 4반의 학생 수가 3반보다 4명 더 많다면 4반의 학생은 몇 명인지 구하시오.

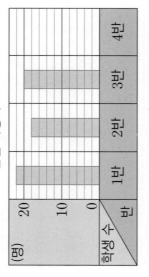

반별 학생 수

(명)
20
10
0
1반 2반 3반 4반
학생 수 / 반

핵심 기억해야 할 것

막대가 세로인 막대그래프에서 세로 눈금 한 칸이 나타내는 크기를 알아보고 각 항목별 수를 알 수 있습니다.

풀이

세로 눈금 한 칸은 ① 명을 나타내므로 3반의 학생 수는 ② 명입니다.

⇒ (4반의 학생 수)=20+4= ③ (명)

답 ① 2 ② 20 ③ 24

정답 24명

19 막대그래프로 나타내기

경훈이네 반 학생들이 좋아하는 과목을 조사하여 나타낸 표입니다. 표를 보고 막대그래프를 완성하시오.

좋아하는 과목별 학생 수

과목	국어	수학	체육	음악	합계
학생 수(명)	7	4	4	5	20

좋아하는 과목별 학생 수

(명)
10
5
0
| 국어 | 수학 | 체육 | 음악 |

핵심 기억해야 할 것

표를 보고 막대그래프로 나타낼 때 막대그래프의 세로 눈금의 크기를 알아보고 각 항목별 막대를 그려 막대그래프로 나타냅니다.

풀이

막대그래프의 세로 눈금 5칸이 **①** 명을 나타내므로 세로 눈금 한 칸은 **②** 명을 나타냅니다. 따라서 막대를 국어: 7칸, 수학: 4칸, 체육: 4칸, 음악: **③** 칸으로 그립니다.

정답

좋아하는 과목별 학생 수

(명)
10
5
0
| 국어 | 수학 | 체육 | 음악 |

답 ① 5 ② 1 ③ 5

24 막대가 가로인 막대그래프의 내용 알아보기 (1)

미주네 학교 학생들의 혈액형을 조사하여 나타낸 막대그래프입니다. 가장 많은 혈액형은 몇 명인지 구하시오.

혈액형별 학생 수

혈액형 \ 학생 수	0		5		10 (명)
A형					
B형					
O형					
AB형					

( )

핵심 기억해야 할 것

막대그래프에서 막대가 가장 긴 항목이 가장 많은 수를 나타내고, 가장 짧은 항목이 가장 작은 수를 나타냅니다.

풀이

기장 많은 혈액형은 막대가 가장 **①** 혈액형인 **②** 형입니다. A형을 가로 눈금 11칸이므로 **③** 명입니다.

정답 11명

답 ① 긴 ② A ③ 11

18 바르게 계산한 값 구하기

어떤 수에 19를 곱해야 할 것을 잘못하여 19로 나누었더니 몫이 70이고 나머지가 4였습니다. 바르게 계산한 값을 구하시오.

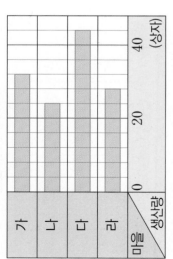

어떤 수를 □라고 하여 잘못 계산한 식을 세워요.

핵심 기억해야 할 것

· 바르게 계산한 값 구하기
① 잘못 계산한 식을 세우고 어떤 수를 구합니다.
② 바르게 계산합니다.

풀이

어떤 수를 □라고 하면 □÷19= **①** …4입니다.

19×7=133, 133+4=1370므로 □= **②** 입니다.

바르게 계산한 값은 137×19= **③** 입니다.

답 ❶ 7 ❷ 137 ❸ 2603

정답 2603

---

25 막대가 가로인 막대그래프의 내용 알아보기 (2)

마을별 사과 생산량을 조사하여 나타낸 막대그래프입니다. 사과 생산량이 가장 많은 마을과 가장 작은 마을의 사과 생산량의 차를 구하시오.

마을별 사과 생산량

마을 \ 생산량	0	20	40 (상자)
가			
나			
다			
라			

핵심 기억해야 할 것

막대가 가로인 막대그래프에서 가로 눈금 한 칸이 나타내는 크기를 알아보고 각 항목별 수를 알 수 있습니다.

풀이

가로 눈금 한 칸은 **❶** 상자를 나타내고 사과 생산량이 가장 많은 마을인 다 마을은 **❷** 상자, 가장 작은 마을인 나 마을은 24상자입니다.

⇨ 44-24= **❸** (상자)

답 ❶ 4 ❷ 44 ❸ 20

정답 20상자

17 나누어지는 수 구하기

㉮와 ㉯의 크기를 비교하여 ◯ 안에 >, =, <를 알맞게 써넣으시오.

㉮ ÷ 32 = 6···15
㉯ ÷ 44 = 4···38

㉮ ◯ ㉯

핵심 기억해야 할 것

(나누는 수)×(몫)+(나머지)=(나누어지는 수)

■ ÷ ▲ = ● ··· ★ ⇨ ▲×●+★ = ■

풀이

32×6 = ❶ . 192+15 = 2070이므로 ㉮ = 2070이고,

44×4 = 176, 176+ ❷ = 2140이므로 ㉯ = 214입니다.

따라서 207 < 2140이므로 ㉮ ❸ ㉯입니다.

답 ❶ 192 ❷ 38 ❸ <

(나누는 수)×(몫)에
(나머지)를 더하면
나누어지는 수를
구할 수 있어요.

---

26 세로 눈금 한 칸의 크기 구하기

미국에 가 보고 싶은 학생이 36명이라면 세로 눈금 한 칸은 몇 명을 나타내는지 구하시오.

가 보고 싶은 나라별 학생 수

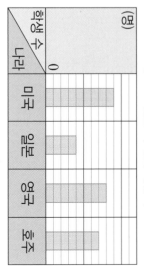

(명)

학생 수 / 나라	미국	일본	영국	호주
0				

( )

핵심 기억해야 할 것

막대그래프에서 각 항목별 수는 눈금 한 칸의 크기와 눈금의 수의 곱으로 알 수 있습니다.

풀이

미국에 가 보고 싶은 학생 수를 나타내는 막대는 세로 눈금 ❶ 칸이고 36명을 나타냅니다.

따라서 세로 눈금 한 칸은 36÷ ❷ = ❸ (명)을 나타냅니다.

답 ❶ 9 ❷ 9 ❸ 4

정답 4명

16 필요한 가로수의 수 구하기

길이가 840 m인 산책길의 양쪽에 처음부터 끝까지 가로수를 심으려고 합니다. 가로수와 가로수 사이를 24 m 간격으로 심는다면 가로수는 모두 몇 그루 필요한지 구하시오.(단, 가로수의 굵기는 생각하지 않습니다.)

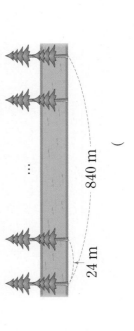

24 m
840 m

핵심 기억해야 할 것

• 일정한 간격으로 가로수 심기
(간격의 수)=(전체 거리)÷(간격의 길이)
(심을 가로수의 수)=(간격의 수)+1

풀이

간격의 수는 840÷24= ❶ (군데)이므로 산책길 한쪽에 가로수는
35+1= ❷ (그루) 필요합니다.
따라서 산책길 양쪽에 가로수는 모두 36×2= ❸ (그루) 필요합니다.

답 ❶ 35 ❷ 36 ❸ 72

정답 72그루

27 막대가 가로인 막대그래프 그리기

표를 보고 막대그래프로 나타내시오.

가 보고 싶은 도시별 학생 수

도시	제주	부산	서울	합계
학생 수(명)	80	60	20	160

핵심 기억해야 할 것

막대가 가로인 막대그래프에서는 세로에 항목들을 써넣고 가로 눈금의 크기를 알아본 다음 각 항목별 막대를 그려 막대그래프로 나타냅니다.

풀이

막대그래프의 세로에 제주, 부산, 서울을 쓰고, 가로 눈금 한 칸이 ❶ 명을 나타내므로
제주: ❷ 칸, 부산: 6칸, 서울: ❸ 칸인 막대를 그립니다.

답 ❶ 10 ❷ 8 ❸ 2

정답 예 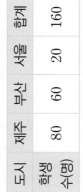 가 보고 싶은 도시별 학생 수

15 봉지는 적어도 몇 개 필요한지 구하기

다음 과일을 한 봉지에 14개씩 담으려고 합니다. 과일을 모두 담으려면 봉지는 적어도 몇 개 필요합니까?

사과 68개

배 20개

( )

핵심 기억해야 할 것

■를 한 봉지에 ▲씩 모두 담으려고 할 때
■ ÷ ▲ = ● … ★에서 ● 봉지에 담고 남은 수 ★가 남으므로 남은 수를 담을 봉지가 1개 더 필요합니다.

풀이

과일은 모두 68 + 20 = 88(개)입니다.

88 ÷ ❶ = 6 … 40|므로 14개씩 ❷ 봉지에 담고 남은 4개도 담아야 합니다.

따라서 봉지는 적어도 ❸ 개 필요합니다.

답 ❶ 14 ❷ 6 ❸ 7

---

28 조건에 따라 막대그래프 그리기

표를 보고 인경이 말한 반부터 차례로 막대그래프로 나타내시오.

반별 안경을 쓴 학생 수

반	1반	2반	3반	4반	합계
학생 수(명)	10	14	18	12	54

(명)				
20				
10				
0				
학생 수 / 반				

핵심 기억해야 할 것

막대가 세로인 막대그래프에서는 가로에 항목들을 쓰고 세로 눈금의 크기를 알아본 다음 각 항목별 수를 막대로 그려 막대그래프로 나타냅니다.

풀이

18 > 14 > 12 > 10이므로 막대그래프의 가로에 ❶ 반, 2반, 4반, 1반을 차례로 가로에 써넣고 세로 눈금 한 칸이 2명을 나타내므로 3반: ❷ 칸, 2반: 7칸, 4반: 6칸, 1반: 5칸인 막대를 그립니다.

답 ❶ 3 ❷ 9 ❸ 5

정답

반별 안경을 쓴 학생 수

(명)				
20				
10				
0				
학생 수 / 반	3반	2반	4반	1반

14 몫이 두 자리 수인 나눗셈 찾기

몫이 두 자리 수인 나눗셈을 찾아 기호를 쓰시오.

㉠ 456÷81	㉡ 154÷16
㉢ 509÷37	㉣ 227÷41

핵심 기억해야 할 것

■▲●÷★

■▲ < ★이면 몫이 한 자리 수
■▲ = ★ 또는 ■▲ = ★이면 몫이 두 자리 수
■▲ > ★이면 몫이 두 자리 수

풀이

㉠ 456÷81 ⇨ 45<81이므로 몫이 한 자리 수
㉡ 154÷16 ⇨ 15<16이므로 몫이 한 자리 수
㉢ 509÷37 ⇨ 50 ① 370이므로 몫이 ② 자리 수
㉣ 227÷41 ⇨ 22<410므로 몫이 한 자리 수

⇨ 따라서 몫이 두 자리 수인 나눗셈은 ③ 입니다.

답 ① > ② 두 ③ ㉢

정답 ㉢

---

29 전체 조사한 수 구하기

막대그래프를 보고 조사한 학생 수를 구하시오.

좋아하는 동물별 학생 수

학생 수 동물	원숭이	사자	곰	호랑이

핵심 기억해야 할 것

막대그래프에서 각 항목별 수를 더하여 전체 조사한 수를 구할 수 있습니다.

풀이

세로 눈금 한 칸은 ① 명을 나타내므로

원숭이: ② 명, 사자: 110명, 곰: 70명, 호랑이: 50명입니다.

따라서 조사한 학생 수는 80+110+70+50= ③ (명)입니다.

답 ① 10 ② 80 ③ 310

정답 310명

13 나머지가 될 수 있는 수 구하기

나눗셈에서 나머지가 될 수 있는 수 중에서 가장 큰 수를 구하시오.

$$\boxed{} \div 27$$

( )

핵심 기억해야 할 것

나머지는 항상 나누는 수보다 작아야 합니다.
■ ÷ ▲ = ● … ★에서 나머지인 ★이 될 수 있는 수는 0부터 ▲보다 1 작은 수까지입니다.

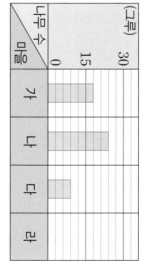

어떤 수를 ▲로 나누었을 때 나머지는 0, 1, 2, ..., ▲−1이 될 수 있어요.

풀이

나머지는 나누는 수인 27보다 항상 ❶ 이야 합니다.

따라서 나머지가 될 수 있는 수는 0부터 ❷ 까지의 수이므로 이 중에서 가장 큰 수는
❸ 입니다.

답 ❶ 작 ❷ 26 ❸ 26

정답 26

---

30 전체 조사한 수를 알 때 막대그래프 완성하기

심은 나무가 모두 72그루일 때 라 마을에서 심은 나무는 몇 그루인지 구하시오.

마을별 심은 나무 수

나무 수 마을	가	나	다	라
30				
15				
0				

( )

핵심 기억해야 할 것

막대그래프에서 각 항목별 수를 더하여 전체 조사한 수를 구할 수 있습니다.

풀이

세로 눈금 한 칸은 ❶ 그루를 나타내므로
가 마을: 18그루, 나 마을: 24그루, 다 마을: ❷ 그루입니다.

따라서 라 마을에서 심은 나무는
72 − 18 − 24 − 9 = ❸ (그루)입니다.

답 ❶ 3 ❷ 9 ❸ 21

정답 21그루

12 팔 수 있는 상자 수 구하기

연필 147자루를 한 상자에 23자루씩 담아서 팔려고 합니다. 연필을 몇 상자까지 팔 수 있는지 구하시오.

핵심 기억해야 할 것

■를 한 상자에 ▲씩 똑같이 나누어 담을 때
■÷▲=●…★ ⇨ ●상자에 담고 ★가 남습니다.

풀이

(전체 연필 수)÷(한 상자에 담는 연필 수)
=147÷23= ❶ …9

연필을 23자루씩 ❷ 상자에 담고, 9자루가 남으므로 ❸ 상자까지 팔 수 있습니다.

달 ❶ 6 ❷ 6 ❸ 6

23자루가 들어 있지 않은 상자는 팔 수 없어요.

정답 6상자

---

31 막대가 2개인 막대그래프 알아보기

학생 수가 가장 많은 반의 학생 수를 구하시오.

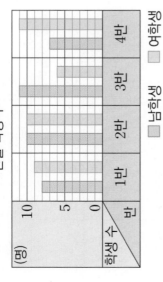

반별 학생 수

남학생 ▨ 여학생 ▧

핵심 기억해야 할 것

막대가 2개인 막대그래프에서는 각 항목별로 2가지 내용을 나타낼 수 있습니다.

풀이

학생 수는 1반: 8+9=17(명), 2반: 10+10= ❶ (명),

3반: 11+6=17(명), 4반: 7+11= ❷ (명)입니다.

따라서 학생 수가 가장 많은 반의 학생 수는 ❸ 명입니다.

달 ❶ 20 ❷ 18 ❸ 20

정답 20명

11

나머지의 크기 비교하기

나머지가 가장 큰 식을 찾아 기호를 쓰시오.

ㄱ 92÷15 ㄴ 67÷24
ㄷ 49÷12 ㄹ 88÷30

( )

핵심 기억해야 할 것
• (두 자리 수)÷(두 자리 수)의 계산

$$\begin{array}{r} 5 \\ 16\,\overline{)\,8\ 7} \\ 8\ 0 \\ \hline 7 \end{array}$$ ← 16×5
← 87−80

⇨ 몫은 50이고, 나머지는 7입니다.

풀이
ㄱ 92÷15=6…2   ㄴ 67÷24=2…❶
ㄷ 49÷12=4…1   ㄹ 88÷30=2…❷
⇨ 28>19>2>10이므로 나머지가 가장 큰 식은 ❸ 입니다.

답 ❶ 19 ❷ 28 ❸ ㄹ

정답 ㄹ

표와 막대그래프를 비교하여 완성하기

표의 빈칸에 알맞은 수를 써넣고, 막대그래프를 완성하시오.

좋아하는 계절별 학생 수

계절	봄	여름	가을	겨울	합계
학생 수(명)		24	32		112

좋아하는 계절별 학생 수

핵심 기억해야 할 것
표와 막대 표로 나타낼 때는 항목별 수를 모두 더하여 합계에 씁니다.

풀이
막대그래프에서 겨울을 좋아하는 학생은 ❶ 명입니다. 표에서 봄을 좋아하는 학생은
112−24−32−16= ❷ (명)입니다. 막대그래프에서 봄은 40÷4= ❸ (칸)
이 되도록 막대를 그립니다.

답 ❶ 16 ❷ 40 ❸ 10

정답 (왼쪽부터) 40, 16,

좋아하는 계절별 학생 수

33 수 배열의 규칙 찾기

수 배열의 규칙을 찾아 쓰고 빈칸에 알맞은 수를 써넣으시오.

144 — 72 — 36 — 18 — □

규칙

핵심 기억해야 할 것

수 배열에서 수가 커지면 더하거나 곱하는 규칙이고, 수가 작아지면 빼거나 나누는 규칙입니다.

풀이

오른쪽 수는 왼쪽 수를 ❶ 로 나눈 몫입니다.

$144 \div 2 = 72$, $72 \div 2 = 36$, $36 \div 2 = 18$, $18 \div$ ❷ $=$ ❸

답 ❶2 ❷2 ❸9

수가 작아지므로 빼거나 나누는 규칙을 찾아봐요.

---

10 몫의 크기 비교하기

몫이 가장 작은 식을 찾아 기호를 쓰시오.

㉠ 207÷13   ㉡ 492÷30
㉢ 651÷47   ㉣ 388÷26

핵심 기억해야 할 것

· (세 자리 수)÷(두 자리 수)의 계산

```
        3 1
   24) 7 4 5
       7 2 0  ← 24×30   745-720
       ─────
         2 5
         2 4  ← 24×1    25-24
       ─────
           1
```

⇨ 몫은 31이고, 나머지는 1입니다.

풀이

㉠ $207 \div 13 = 15 \cdots 12$ ㉡ $492 \div 30 = 16 \cdots 12$
㉢ $651 \div 47 =$ ❶ $\cdots 40$ ㉣ $388 \div 26 =$ ❷ $\cdots 24$
⇨ $13 < 14 < 15 < 16$이므로 몫이 가장 작은 식은 ❸ 입니다.

답 ❶13 ❷14 ❸㉢

09 가장 큰 수를 가장 작은 수로 나누기

가장 큰 수를 가장 작은 수로 나누었을 때 몫과 나머지를 구하시오.

| 15 | 33 | 429 | 368 |

몫 ( )

나머지 ( )

핵심 기억해야 할 것

· (세 자리 수)÷(두 자리 수)의 계산

```
      3 1  ← 몫
2 4 ) 7 4 5
      7 2 0
        2 5
        2 4
         1  ← 나머지
```

$$745÷24=31\cdots1$$
몫 나머지

풀이

$429>368>33>15$

⇨ **②**

가장 큰 수는 **①** 이고, 가장 작은 수는 15입니다.

① ÷15= **③** …9

답 ① 429 ② 429 ③ 28

34 조건을 만족하는 규칙적인 수의 배열 찾기

수 배열표에서 조건을 만족하는 규칙적인 수의 배열을 찾아 색칠했을 때 가장 큰 수를 구하시오.

· 가장 작은 수는 1910입니다.
· 다음 수는 앞의 수보다 1020씩 커집니다.

4910	4930	4950	4970	4990
3910	3930	3950	3970	3990
2910	2930	2950	2970	2990
1910	1930	1950	1970	1990

( )

핵심 기억해야 할 것

수 배열표에서는 오른쪽, 왼쪽, 아래쪽, 위쪽, 대각선 방향으로 수가 일정한 규칙으로 변합니다.

풀이

1910부터 시작하여 1020씩 커지는 수는 **①** 방향으로 1910, 2930, 3950,

② 입니다.

4910	4930	4950	4970	4990
3910	3930	3950	3970	3990
2910	2930	2950	2970	2990
1910	1930	1950	1970	1990

각 칸을 색칠했을 때 가장 큰 수는 **③** 입니다.

답 ① ╱ ② 4970 ③ 4970

08 수 카드를 사용하여 곱셈식 만들기

수 카드를 한 번씩 사용하여 만들 수 있는 수 중 가장 큰 세 자리 수와 가장 작은 두 자리 수의 곱은 얼마입니까?

4 9 7 1 5

핵심 기억해야 할 것
• 가장 큰 세 자리 수는 높은 자리에 가장 큰 수부터 놓아 만듭니다.
• 가장 작은 두 자리 수는 높은 자리에 가장 작은 수부터 놓아 만듭니다.
(단, 0은 가장 높은 자리에 올 수 없습니다.)

풀이

$9>7>5>4>1$이므로 가장 큰 세 자리 수는 ❶ [975]이고, 가장 작은 두 자리 수는 ❷ [14]입니다.

➡ $975 \times 14 =$ ❸

답 ❶ 975 ❷ 14 ❸ 13650

정답 13650

---

35 설명하는 계산식 찾기

보기 에서 설명하는 뺄셈식을 찾아 기호를 쓰시오.

보기
같은 자리의 수가 똑같이 커지는 두 수의 차는 항상 일정합니다.

㉠
$506-101=405$
$606-102=504$
$706-103=603$
$806-104=702$

㉡
$987-111=876$
$887-111=776$
$787-111=676$
$687-111=576$

㉢
$453-202=251$
$553-302=251$
$653-402=251$
$753-502=251$

핵심 기억해야 할 것
뺄셈식에서 빼지는 수, 빼는 수, 차가 각각 커지는지, 작아지는지 등을 비교하여 규칙을 찾을 수 있습니다.

풀이

㉠ 백의 자리 수가 1씩 커지는 수와 일의 자리 수가 1씩 커지는 수의 차는 ❶ [99]씩 커집니다.

㉡ 백의 자리 수가 1씩 작아지는 수와 111의 차는 ❷ [100]씩 작아집니다.

㉢ ❸ [백]의 자리의 수가 똑같이 커지는 두 수의 차는 항상 일정합니다.

답 ❶ 99 ❷ 100 ❸ 백

정답 ㉢

07 곱셈 완성하기

(세 자리 수)×(두 자리 수)의 곱셈식을 완성하시오.

```
      1 6 ㉠
  ×     3 9
  1 4 7 6
4 9 □ □
6 3 □ 6
```

핵심 기억해야 할 것

• (세 자리 수)×(두 자리 수)의 계산

(세 자리 수)×(몇십몇)은
(세 자리 수)×(몇)과
(세 자리 수)×(몇십)의 합이에요.

$$
\begin{array}{r}
(\text{세 자리 수}) \times \\
(\text{몇십몇})
\end{array}
$$

(세 자리 수)×(몇) …①
(세 자리 수)×(몇십) …②
　　　①+②

풀이

㉠×9의 곱의 일의 자리 숫자가 6이 되는 ㉠= ❶ 입니다.
164×3=492이므로 ㉡= ❷ 이고, 1476+4920=63960이므
로 ㉢= ❸ 입니다.

```
  1 6 ❶
×   3 9
1 4 7 6
4 9 ❷
6 3 ❸ 6
```

정답 (위에서부터) 4, 2, 9

답 ❶ 4 ❷ 2 ❸ 9

---

36 수 배열표의 빈 곳에 알맞은 수 구하기

수 배열표의 일부입니다. 수 배열의 규칙에 맞게 ■와 ▲의 차를 구하시오.

(　　　　　　)

5	10	15	20	25
105	110	115	120	125
205	210	215	220	■
305	▶			
405				

핵심 기억해야 할 것

수 배열표에서 가로(→) 또는 세로(↓)에 있는 수가 어떻게 변하는지를 보고 규칙을 찾을 수 있습니다.

풀이

205부터 시작하여 오른쪽으로 ❶ 씩 커지므로 ■=220+5=225입니다.
10부터 시작하여 아래쪽으로 ❷ 씩 커지므로 ▲=210+100=310입니다.
⇨ 310-225= ❸

정답 85

답 ❶ 5 ❷ 100 ❸ 85

06 (세 자리 수)×(두 자리 수)의 활용

지우개는 한 상자에 132개씩 28상자 있고, 사포심은 한 상자에 129개씩 46상자 있습니다. 지우개와 사포심 중 어느 것이 몇 개 더 많습니까?

( ), ( )

핵심 기억해야 할 것

- 곱셈식을 세워야 하는 문장
  - ■■■개씩 ▲상자, ■개씩 ▲묶음 등
  - ■ 원짜리 동전이 ▲개, ■ 원짜리 지폐가 ▲장 등
  - 1시간에 ■ km를 갈 때 ▲시간에 가는 거리 등
- 위와 같은 문장이 있을 때에는 곱셈식을 만들어야 합니다.

  ⇨ ■×▲

풀이

지우개: 132×28 = ❶ ☐ (개)

사포심: 129×46 = ❷ ☐ (개)

⇨ 사포심이 지우개보다 5934－3696 = ❸ ☐ (개) 더 많습니다.

답 ❶ 3696 ❷ 5934 ❸ 2238

정답 사포심, 2238개

---

37 덧셈을 이용한 수 배열표에서 규칙 찾기

덧셈을 이용한 수 배열표를 보고 규칙을 찾고, 빈칸에 알맞은 수를 써넣으시오.

	319	320	321	322
21	0	1	2	
22	1	2	3	4
23	2	3	4	5
24		4	5	6

핵심 기억해야 할 것

덧셈을 이용한 수 배열표에서 가로와 세로의 두 수를 더해 덧셈 결과와 표에 쓰인 수를 비교해 규칙을 찾습니다.

풀이

319＋22 = 341, 320＋22 = 342, 321＋22 = 343, 322＋22 = ❶ ☐

⇨ 두 수의 덧셈의 결과에서 ❷ 의 자리 숫자를 쓰는 규칙입니다.

322＋21 = 343, 319＋24 = 343이므로 빈칸에 알맞은 수는 3, ❸ ☐ 입니다.

답 ❶ 344 ❷ 일 ❸ 3

정답 예 두 수의 덧셈의 결과에서 일의 자리 숫자를 쓰는 규칙입니다. ; 3, 3

(몇백)×(몇십)의 활용

전시관의 입장료가 어른은 800원, 어린이는 300원이라고 합니다. 어른이 30명, 어린이가 40명 입장했다면 입장료는 모두 얼마인지 구하시오.

( )

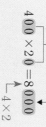

■00 × ▲0 = (■ × ▲)000

핵심 기억해야 할 것
• (몇백)×(몇십) 계산하기
400×20 계산하기
$$400 \times 20 = 8000$$
└ 4×2 (뒤에 0을 붙임)
(몇)×(몇)의 값에 두 수의 0의 개수만큼 0을 붙입니다.

풀이
어른 30명의 입장료는 800×30 = ① (원)입니다.
어린이 40명의 입장료는 300×40 = ② (원)입니다.
따라서 입장료는 모두 24000+12000 = ③ (원)입니다.

답 ① 24000 ② 12000 ③ 36000

정답 36000원

뺄셈을 이용한 수 배열표에서 규칙 찾기

뺄셈을 이용한 수 배열표를 보고 규칙을 찾고, 빈칸에 알맞은 수를 써넣으시오.

	500	520	540	560
110	9	1	3	5
120	8		2	4
130	7	9	1	3
140	6	8	0	

규칙 핵심 기억해야 할 것
뺄셈을 이용한 수 배열표에서 가로와 세로의 두 수를 빼 뺄셈 결과와 표에 쓰인 수를 비교해 규칙을 찾습니다.

풀이
500-110=390, 520-110=410, 540-110=430, 560-110= ①
⇨ 두 수의 뺄셈의 결과에서 ② 의 자리 숫자를 쓰는 규칙입니다.
520-120=400, 560-140=420이므로 빈칸에 알맞은 수는 0, ③ 입니다.

답 ① 450 ② 십 ③ 2

정답 예) 두 수의 뺄셈의 결과에서 십의 자리 숫자를 쓰는 규칙입니다. ; (위부터) 0, 2

04 (세 자리 수)×(몇십)의 활용

서준이는 매일 훌라후프를 119바퀴씩 돌립니다. 서준이가 6월 한 달 동안 훌라후프를 돌리는 횟수는 몇 번입니까?

6월 한 달은 30일이에요.

핵심 기억해야 할 것

• (세 자리 수)×(몇십) 계산하기

예 382×20 계산하기

$$382 \times 2 = 764$$
$$382 \times 20 = 7640$$

```
  3 8 2
×   2 0
7 6 4 0
```

(세 자리 수)×(몇)의 값에 0을 1개 붙입니다.

풀이

6월은 ①[30] 일입니다.

따라서 서준이가 6월 한 달 동안 훌라후프를 돌리는 횟수는 모두

$119 \times$ ②[30] $=$ ③[3570](번)입니다.

답 ① 30 ② 30 ③ 3570

정답 3570번

---

39 규칙적인 계산식 찾기

수의 배열에서 규칙적인 계산식을 찾아 쓰시오.

330	331	332	333	334	335	336	337
430	431	432	433	434	435	436	437

$$330+331+332=331 \times 3$$
$$331+332+333=332 \times \boxed{}$$
$$430+431+432=431 \times 3$$
$$431+432+433=432 \times \boxed{}$$

핵심 기억해야 할 것

연속된 세 수 ■-1, ■, ■+1의 합은 ■×3과 같습니다.

풀이

수의 배열에서 ①[가로]로 나란히 있는 세 수의 합은 ②[가운데] 수의 ③[3]배와 같습니다.

답 ① 가로 ② 가운데 ③ 3

정답 3, 3

03 곱셈식으로 나타내기

길이가 4 m 17 cm인 색 테이프가 있습니다. 색 테이프를 36 cm씩 잘라서 리본을 만들면 몇 개까지 만들 수 있는지 식을 쓰고, 답을 구하시오.

식

답

핵심 기억해야 할 것

예 790÷56=14…6 ⇨ 790을 56씩 묶으면 14묶음이 되고 60이 남습니다.

• ■÷▲=●…★ ⇨ ■을 ▲씩 묶으면 ●묶음이 되고 ★가 남습니다.

풀이

1 m=100 cm이므로 4 m 17 cm=417 cm입니다.

417÷36= ❶ …❷

리본을 ❸ 개까지 만들 수 있고, 21 cm가 남습니다.

답 ❶ 11 ❷ 21 ❸ 11

---

40 계산식에서 규칙 찾기

규칙적인 계산식을 보고 규칙에 따라 37300이 나오는 계산식을 쓰시오.

식

순서	계산식
첫째	4900＋100－150＝4850
둘째	4800＋110－200＝4710
셋째	4700＋120－250＝4570
넷째	4600＋130－300＝4430
다섯째	4500＋140－350＝4290

핵심 기억해야 할 것

덧셈, 뺄셈으로 이루어진 계산식에서 더해지는 수, 빼지는 수, 더하는 수, 빼는 수의 규칙에 따라 계산값이 어떻게 변하는지 알 수 있습니다.

풀이

4900, 4800, 4700, …과 같이 100씩 작아지는 수에 각각 100, 110, 120, …과 같이 10씩 커지는 수를 더하고, 150, 200, 250, …과 같이 50씩 커지는 수의 규칙에 따라 계산값이 어떻게 변하는지 알 수 있습니다.

4100＋ ❶ 씩 작아집니다.

계산한 값이 37300이 나오는 경우는 ❷ 째 계산식으로

4100＋180－550＝ ❸ 입니다.

답 ❶ 140 ❷ 이틀 ❸ 3730

02 곱의 크기 비교하기

곱이 큰 것부터 차례로 기호를 쓰시오.

┌─────────────────────────────┐
│ ㉠ 348 × 21   ㉡ 511 × 13   ㉢ 407 × 19 │
└─────────────────────────────┘

(   )

핵심 기억해야 할 것

• (세 자리 수) × (두 자리 수) 계산하기

```
      2 2 6              2 2 6              2 2 6
  ×     2      ⇨     ×   3 0      ⇨     ×   3 2
  ─────────          ─────────          ─────────
    4 5 2              6 7 8 0            4 5 2
                                         6 7 8 0
                                         7 2 3 2
```

┌──────────────┐   ┌──────────────┐   ┌──────────────┐
│ 세 자리 수와 │   │ 세 자리 수와 │   │ 두 곱셈의   │
│ 두 자리 수의 일의 │ │ 두 자리 수의 십의 │ │ 계산 결과를   │
│ 자리 수를 곱합니다. │ │ 자리 수를 곱합니다. │ │ 더합니다.   │
└──────────────┘   └──────────────┘   └──────────────┘

생각하여
쓸 수 있습니다.

풀이

㉠ 348 × 21 = **①**
㉡ 511 × 13 = 6643   ㉢ 407 × 19 = 7733

⇨ 7733 > **②** > 66430 | 므로 곱이 큰 것부터 차례로 기호를 쓰면 ㉢, ㉠, ㉡ 입니다.

답 **①** 7308 **②** 7308 **③** ㉡

정답 ㉢, ㉠, ㉡

---

41 계산 도구를 사용하여 규칙 찾기

계산기를 사용하여 규칙적인 곱셈식을 완성하고, 규칙에 따라 다섯째에 알맞은 곱셈식을 쓰시오.

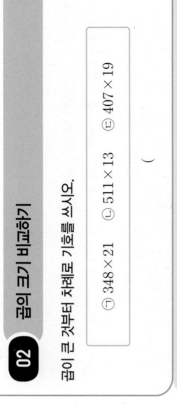

순서	계산식
첫째	99 × 99 =
둘째	999 × 999 =
셋째	9999 × 9999 =
넷째	99999 × 99999 =

식

핵심 기억해야 할 것

계산기를 사용하여 곱셈식을 완성할 수 있습니다.

풀이

계산기를 사용하여 곱셈식을 완성했을 때, 어떤 수가 어떻게 반복되는지를 보고 규칙을 찾습니다.

계산 결과는 순서가 올라갈수록 자리 수가 2자리씩 늘어나고 **①** 와 **②** 의 개수는 각 각 그 순서의 수와 같습니다. 9의 뒤에 80I, 0의 뒤에 10I **③** 개씩 나옵니다.

답 **①** 9 **②** 0 **③** 1

정답 9801, 998001, 99980001, 9999800001,
99999800001, 999998000001,
999999 × 999999 = 999998000001

□ 안에 알맞은 수 구하기

오른쪽과 같이 300을 넣으면 9000이 나오는 상자가 있습니다. 이 상자에 400을 넣으면 얼마가 나옵니까?

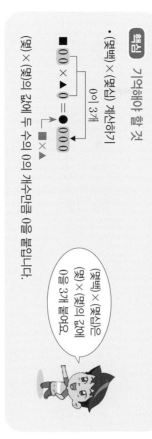

300 → ×□ → 9000

( )

핵심 기억해야 할 것

• (몇백)×(몇십) 계산하기

$$■00×▲0 = ●0000$$

■×▲ (0이 3개)

(몇)×(몇)의 값에 두 수의 0의 개수만큼 0을 붙입니다.

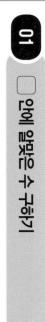

(몇백)×(몇십)은
(몇)×(몇)의 값에
0을 3개 붙여요.

풀이

$$300×❶0 = 9000$$

이므로 (0이 3개)

상자에 400을 넣었을 때 $400×❷ = ❸$ 이 나옵니다.

답 ❶ 3 ❷ 30 ❸ 12000

정답 12000

실생활에서 규칙 찾기

공연장에 있는 의자 뒷면에는 좌석 번호가 붙어 있습니다. 소연이의 자리는 F열 왼쪽에서 다섯 번째 자리입니다. 좌석 번호는 몇 번인지 구하여 소연이의 좌석 번호를 구하시오.

무대								
A열 1	2	3	4	5	6	7	8	9
B열 10	11	12	13	14	15	16	17	18
C열 19	20	21	22	23	24	25	26	27

...

( )

핵심 기억해야 할 것

공연장 좌석 번호는 각 열에 자리가 몇 개인지, 한 열씩 뒤로 갈 때마다 좌석 번호가 몇씩 커지는지 비교하여 규칙을 알 수 있습니다.

풀이

한 열씩 뒤로 갈 때마다 좌석 번호는 ❶ 씩 커집니다.

⇨ F열 왼쪽에서 다섯 번째 자리는

$$❷ +9+9+9+9+9 = ❸ (번)$$ 입니다.

답 ❶ 9 ❷ 5 ❸ 50

정답 50번

꼭 알아야 하는 대표 유형을 확인해 봐.

43 도형의 배열에서 규칙 찾기 (1)

도형의 배열에서 규칙을 찾아 쓰고 다섯째에 알맞은 모양을 그리시오.
(단, 모양을 그릴 때, 모형 을 □와 같이 간단히 나타냅니다.)

첫째 둘째 셋째 넷째 다섯째

규칙

핵심 기억해야 할 것

모형으로 만든 도형의 배열에서 순서에 따라 모형의 개수가 어떻게 늘어나는지 알아보면 규칙을 알 수 있습니다.

풀이

모형의 개수를 세어 보면 1개, 3개, 6개, 10개, ...이므로 모형의 개수가 늘어나는 수가

1 1 씩 더 **2** 커 집니다.

따라서 다섯째에 알맞은 모양은 모형의 개수가 10+5= **3** 15 (개)입니다.

답 **1** 1 **2** 커 **3** 15

정답 예) 모형의 개수가 1개부터 시작하여 2개, 3개, 4개, ...씩 더 늘어납니다.

44 도형의 배열에서 규칙 찾기 (2)

도형의 배열을 보고 다섯째에 알맞은 도형을 그리고, 이 도형에서 찾을 수 있는 빨간색 사각형은 모두 몇 개인지 구하시오.

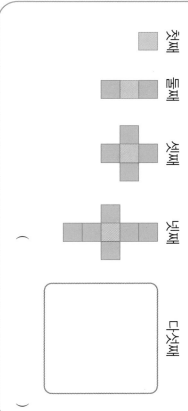

첫째 둘째 셋째 넷째 다섯째

핵심 기억해야 할 것

도형의 배열에서 순서에 따라 어떤 색의 도형이 어느 위치에 몇 개 더 생기는지 알아보면 규칙을 알 수 있습니다.

풀이

파란색 사각형을 기준으로 빨간색 사각형이 위쪽과 아래쪽, 왼쪽과 오른쪽에 각각 **❶** 개씩 늘어납니다.

다섯째에 알맞은 도형은 넷째 도형에서 빨간색 사각형을 **❷** 개씩 늘어납니다.

넷째 도형에서 빨간색 사각형을 6개이므로 다섯째 도형에서는

6+2= **❸** (개)입니다.

정답 🔲❶ ❷ 1 ❸ 8

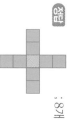

; 8개

앞선감이야 초등수학

대표 유형집 BOOK2

곱셈과 나눗셈
막대그래프
규칙 찾기

수학의 앞선감

초등 수학 4·1

일등
전략

BOOK 2

곱셈과 나눗셈
막대그래프
규칙 찾기

초등 수학

4·1

이 책의 구성과 특징

도입 만화

이번 주에 배울 내용의 핵심을 만화 또는 삽화로
제시하였습니다.

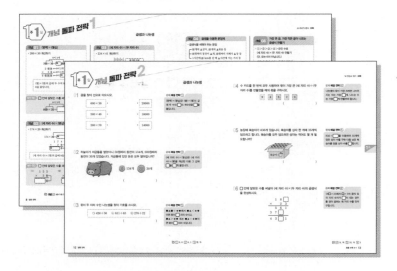

개념 돌파 전략 1, 2

개념 돌파 전략1에서는 단원별로 개념을 설명하고
개념의 원리를 확인하는 문제를 제시하였습니다.
개념 돌파 전략2에서는 개념을 알고 있는지 문제로
확인할 수 있습니다.

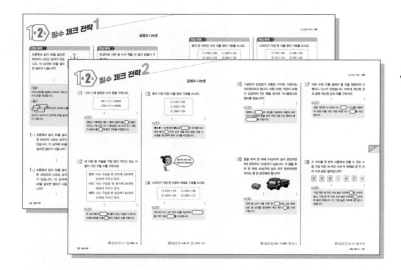

필수 체크 전략 1, 2

필수 체크 전략1에서는 단원별로 나오는 중요한
유형을 반복 연습할 수 있도록 하였습니다.
필수 체크 전략2에서는 추가적으로 나오는 다른
유형을 문제로 확인할 수 있도록 하였습니다.

부록 꼭 알아야 하는 대표 유형집

부록을 뜯으면 미니북으로 활용할 수 있습니다. 대표 유형을 확실하게 익혀 보세요.

주 마무리 평가

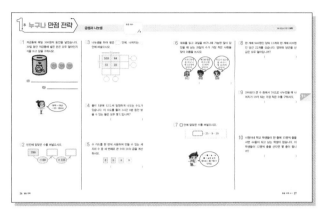

누구나 만점 전략

누구나 만점 전략에서는 주별로 꼭 기억해야 하는 문제를 제시하여 누구나 만점을 받을 수 있도록 하였습니다.

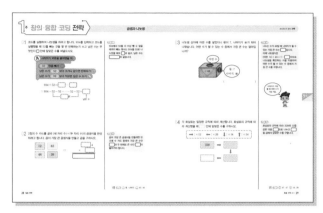

창의·융합·코딩 전략

창의·융합·코딩 전략에서는 새 교육과정에서 제시하는 창의, 융합, 코딩 문제를 쉽게 접근할 수 있도록 하였습니다.

마무리 코너

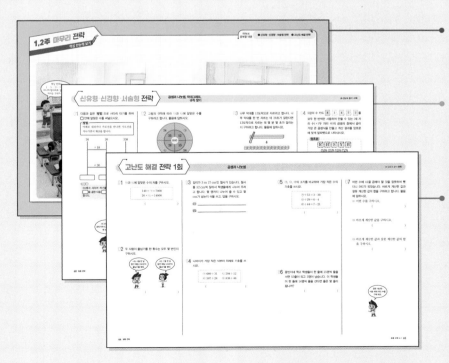

● **1, 2주 마무리 전략**

마무리 전략은 이미지로 정리하여 마무리할 수 있게 하였습니다.

● **신유형·신경향·서술형 전략**

신유형·신경향·서술형 전략은 새로운 유형도 연습하고 서술형 문제에 대한 적응력도 올릴 수 있습니다.

● **고난도 해결 전략 1회, 2회**

실제 시험에 대비하여 연습하도록 고난도 실전 문제를 2회로 구성하였습니다.

이 책의 차례

곱셈과 나눗셈

개념 **01** (몇백)×(몇십)

· 200×30 계산하기

0이 3개

$200 \times 30 = ❶\ 000$

$\begin{array}{r} 2\ 0\ 0 \quad \leftarrow 0이\ 2개 \\ \times \quad\ \ 3\ 0 \quad \leftarrow 0이\ 1개 \\ \hline 6\ 0\ 0\ 0 \quad \leftarrow 0이\ ❷\ 개 \end{array}$

(몇)×(몇)의 값에 두 수의 0의 개수만큼 0을 붙입니다.

확인 **01** ☐ 안에 알맞은 수를 써넣으시오.

0이 3개

$400 \times 20 = \boxed{}$

개념 **02** (세 자리 수)×(몇십)

· 174×20 계산하기

$174 \times 20 = ❶\ \boxed{}\ 0$

$\begin{array}{r} 1\ 7\ 4 \\ \times \quad\ 2\ 0 \\ \hline ❷\ \boxed{}\ 0 \end{array}$

(세 자리 수)×(몇)의 값에 0을 1개 붙입니다.

확인 **02** ☐ 안에 알맞은 수를 써넣으시오.

(1)
$\begin{array}{r} 1\ 5\ 5 \\ \times \quad\ 3\ 0 \\ \hline \boxed{}\ 0 \end{array}$

(2)
$\begin{array}{r} 2\ 0\ 7 \\ \times \quad\ 4\ 0 \\ \hline \boxed{}\ 0 \end{array}$

개념 **03** (세 자리 수)×(두 자리 수)

· 234×41 계산하기

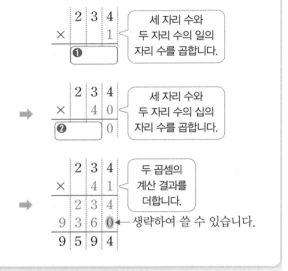

세 자리 수와 두 자리 수의 일의 자리 수를 곱합니다.

세 자리 수와 두 자리 수의 십의 자리 수를 곱합니다.

두 곱셈의 계산 결과를 더합니다.

생략하여 쓸 수 있습니다.

확인 **03** ☐ 안에 알맞은 수를 써넣으시오.

$\begin{array}{r} 6\ 1\ 3 \\ \times \quad\ 2\ 5 \\ \hline \boxed{} \\ \boxed{} \\ \boxed{} \end{array}$

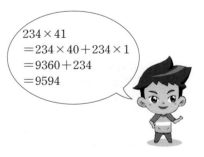

234×41
$= 234 \times 40 + 234 \times 1$
$= 9360 + 234$
$= 9594$

개념 04 곱셈을 이용한 문장제

• 곱셈식을 세워야 하는 문장

┌ ■개씩 ▲상자, ■개씩 ▲묶음 등
├ ■원짜리 동전이 ▲개, ■원짜리 지폐가 ▲장 등
└ 1시간에 ■ km를 갈 때 ▲시간에 가는 거리 등

위와 같은 문장이 있을 때에는 **❶**[   ] 식을 만들어야 합니다.

➡ ■ **❷**[   ] ▲

확인 04 사과가 한 상자에 24개씩 173상자 있습니다. 사과는 모두 몇 개인지 식을 완성하고 계산하시오.

24 × [   ] = [   ] (개)

개념 05 수 카드를 사용하여 곱셈식 만들기

• 수 카드를 한 번씩 사용하여 가장 작은 세 자리 수와 가장 큰 두 자리 수의 곱셈식 만들기

[1] [8] [6] [4] [2]

① 가장 작은 세 자리 수는 높은 자리에 **❶**[   ] 수부터 차례로 놓아 만듭니다.
  → 가장 작은 세 자리 수: 124
② 가장 큰 두 자리 수는 높은 자리에 **❷**[   ] 수부터 차례로 놓아 만듭니다.
  → 가장 큰 두 자리 수: 86
➡ 124×86=10664

확인 05 수 카드를 한 번씩 사용하여 가장 큰 세 자리 수와 가장 작은 두 자리 수의 곱셈식을 만들고 계산하시오.

[3] [1] [7] [6] [8]

개념 06 가장 큰 곱, 가장 작은 곱이 나오는 곱셈식 만들기

• ①>②>③>④>⑤인 수로 (세 자리 수)×(두 자리 수) 만들기 (단, ⑤는 0이 아닙니다.)

가장 큰 곱이 나오는 곱셈식 만들기

가장 작은 곱이 나오는 곱셈식 만들기

확인 06 6, 9, 5, 1, 7로 가장 큰 곱과 가장 작은 곱이 나오는 곱셈식을 만들고 계산하시오.

(1) 가장 큰 곱이 나오는 곱셈식

(2) 가장 작은 곱이 나오는 곱셈식

답 개념 04 ❶곱셈 ❷× 개념 05 ❶작은 ❷큰

답 개념 06 ❶① ❷⑤

개념 07 ☐ 안에 알맞은 수 구하기

$$
\begin{array}{r}
(세\ 자리\ 수) \\
\times\quad (몇십몇) \\
\hline
(세\ 자리\ 수) \times (몇)\ \cdots① \\
(세\ 자리\ 수) \times (몇십)\ \cdots② \\
\hline
①+②
\end{array}
$$

$$
\begin{array}{r}
㉠\ 1\ 2 \\
\times\quad 3\ ㉡ \\
\hline
3\ 5\ 8\ 4 \\
1\ 5\ 3\ 6 \\
\hline
1\ 8\ 9\ 4\ 4
\end{array}
$$

2×㉡의 일의 자리 숫자가 4이므로
㉡=**❶** 또는 ㉡=**❷** 입니다.
㉡=2일 때: 12×2=24 (×)
㉡=7일 때: 12×7=84 (○)
㉠×7=35이므로 ㉠=5입니다.
⇨ ㉠=5, ㉡=7

확인 07 ☐ 안에 알맞은 수를 써넣으시오.

$$
\begin{array}{r}
3\ 6\ 4 \\
\times\quad 2\ \square \\
\hline
3\ 2\ 7\ 6 \\
7\ 2\ 8 \\
\hline
1\ 0\ 5\ 5\ 6
\end{array}
$$

4와 곱해서 곱의 일의 자리 숫자가 6이 되는 수를 찾아봐요.

개념 08 나눗셈의 몫을 정하는 방법

· 237÷35를 계산하기

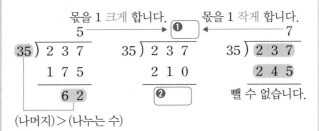

몫을 1 크게 합니다. → **❶** ← 몫을 1 작게 합니다.

(나머지)>(나누는 수)

확인 08 ☐ 안에 알맞은 수를 써넣으시오.

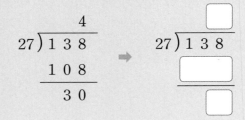

개념 09 나눗셈의 몫의 자리 수 알아보기

■▲● ÷ ★◆
■▲ < ★◆이면 몫이 **❶** 자리 수
■▲ > ★◆ 또는 ■▲ = ★◆이면
몫이 **❷** 자리 수

16<19이므로
몫이 한 자리 수

81>37이므로
몫이 두 자리 수

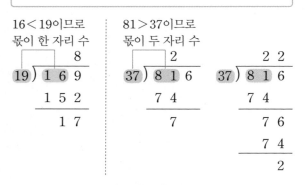

확인 09 ☐ 안에 알맞은 말을 써넣으시오.

325÷40의 몫은 ☐ 자리 수입니다.
32<40

답 **개념 07** ❶ 2 ❷ 7

답 **개념 08** ❶ 6 ❷ 27 **개념 09** ❶ 한 ❷ 두

개념 **10** 몫과 나머지를 알 때 나누어지는 수 구하기

(나누는 수)×(몫)+(나머지)=(나누어지는 수)

■÷▲=●…★ ➡ ▲×●=◆, ◆+★=■

◉ 어떤 수를 12로 나누었더니 몫이 5이고 나머지가 7일 때 어떤 수 구하기

(어떤 수)÷12=**❶**…**❷**

⇨ 12×5=60, 60+7=67

따라서 어떤 수는 67입니다.

확인 10 ■÷28=9…13일 때 ■를 구하려고 합니다. ☐ 안에 알맞은 수를 써넣으시오.

28×☐=☐, ☐+☐=■

개념 **11** 몫이 가장 큰/작은 나눗셈식

• 몫이 가장 큰 나눗셈식

나누어지는 수는 가장 크게 하고,

나누는 수는 가장 **❶** 합니다.

• 몫이 가장 작은 나눗셈식

나누어지는 수는 가장 작게 하고,

나누는 수는 가장 **❷** 합니다.

확인 11 수 카드를 한 번씩 사용하여 몫이 가장 큰 (세 자리 수)÷(두 자리 수)를 만드시오.

2 1 3 4 9 8

☐ ÷ ☐

개념 **12** 적어도 몇 개인지 구하기

◉ 사탕 49개를 봉지 한 개에 13개씩 담으려고 할 때, 사탕을 모두 담으려면 봉지는 적어도 몇 개 필요한지 구하기

(13개씩 담은 봉지 수)+1 ← 남은 사탕을 담을 봉지 수

49÷13=3…10이므로 13개씩 **❶** 봉지에 담고 남은 10개를 **❷** 봉지에 담아야 합니다.

따라서 봉지는 적어도 3+1=4(개)가 필요합니다.

확인 12 사과 604개를 봉지 한 개에 35개씩 담으려고 합니다. 사과를 모두 담으려면 봉지는 적어도 몇 개 필요합니까?

604÷35=☐…☐

따라서 봉지는 적어도 ☐개가 필요합니다.

↑ (몫)+1

개념 **13** 나눗셈식을 이용한 문장제

• 나눗셈식을 세워야 하는 문장

┌ 전체 ■를 ▲씩 똑같이 나누어 주기

├ 전체 ■를 ▲씩 나누어 주고 남는 수

└ 전체 ■를 ▲씩 남김없이 모두 나누어 담기

위와 같은 문장이 있을 때에는 **❶** 식을 만들어야 합니다.

➡ ■ **❷** ▲

확인 13 밀가루 234 kg을 26명에게 똑같이 나누어 주려고 합니다. 한 명에게 주는 밀가루는 몇 kg입니까?

☐ ÷ ☐ = ☐ (kg)

01 곱을 찾아 선으로 이으시오.

600×30 •

500×40 •

200×70 •

• 20000

• 18000

• 14000

문제 해결 전략 1

(몇백)×(몇십)은 (몇)×(몇)의 값에 두 수의 ▢의 개수만큼 ▢을 붙입니다.

02 하늘이가 저금통을 열었더니 50원짜리 동전이 134개, 500원짜리 동전이 30개 있었습니다. 저금통에 있던 돈은 모두 얼마입니까?

 134개　500원 30개

(　　　　　　　　　　　　　)

문제 해결 전략 2

(세 자리 수)×(몇십)은 (세 자리 수)×(몇)을 계산한 다음 그 값에 ▢을 ▢개 붙입니다.

03 몫이 두 자리 수인 나눗셈을 찾아 기호를 쓰시오.

㉠ $428 \div 50$　　㉡ $611 \div 63$　　㉢ $276 \div 22$

(　　　　　　　　　　　　　)

문제 해결 전략 3

■▲● ÷ ★◆에서 ■▲ < ★◆ 이면 몫이 ▢ 자리 수이고, ■▲ > ★◆ 또는 ■▲ = ★◆이면 몫이 ▢ 자리 수입니다.

답 1 0, 0 　 2 0, 1 　 3 한, 두

04 수 카드를 한 번씩 모두 사용하여 몫이 가장 큰 (세 자리 수)÷(두 자리 수)를 만들었을 때의 몫을 구하시오.

9   4   5   2   3

(   )

05 농장에 복숭아가 836개 있습니다. 복숭아를 상자 한 개에 35개씩 담으려고 합니다. 복숭아를 모두 담으려면 상자는 적어도 몇 개 필요합니까?

(   )

1주

06 ☐ 안에 알맞은 수를 써넣어 (세 자리 수)×(두 자리 수)의 곱셈식을 완성하시오.

```
      1 8 ☐
  ×     2 3
  ─────────
      5 6 1
    3 7 ☐
  ─────────
    4 3 ☐ 1
```

핵심 예제 **1**

오른쪽과 같이 30을 넣으면 9000이 나오는 상자가 있습니다. 이 상자에 20을 넣으면 얼마가 나옵니까?

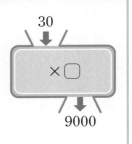

30
× ☐
9000

(   )

〔전략〕

30에 얼마를 곱해야 9000이 되는지 알아보고 20과 구한 수의 곱을 계산합니다.

〔풀이〕

30 × 300 = 9000이므로 상자에 수를 넣으면 300이 곱해집니다. 따라서 이 상자에 20을 넣으면 20 × 300 = 6000이 나옵니다.

[답] 6000

핵심 예제 **2**

민성이와 서하 중 누가 책을 더 많이 읽을지 구하시오.

> 민성: 나는 책을 매일 120쪽씩 13일 동안 읽을 거야.
> 서하: 난 30일 동안 매일 60쪽씩 읽을 거야.

(   )

〔전략〕

곱셈을 하여 두 사람이 읽을 쪽수를 각각 구한 다음 크기를 비교합니다.

〔풀이〕

(민성이가 읽을 책의 쪽수) = 120 × 13 = 1560(쪽)
(서하가 읽을 책의 쪽수) = 30 × 60 = 1800(쪽)
⇨ 1560 < 1800이므로 서하가 책을 더 많이 읽을 것입니다.

[답] 서하

1-1 오른쪽과 같이 20을 넣으면 8000이 나오는 상자가 있습니다. 이 상자에 60을 넣으면 얼마가 나옵니까?

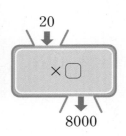

20
× ☐
8000

(   )

1-2 오른쪽과 같이 50을 넣으면 40000이 나오는 상자가 있습니다. 이 상자에 40을 넣으면 얼마가 나옵니까?

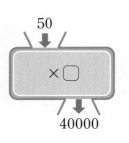

50
× ☐
40000

(   )

2-1 성규와 하늘이 중 누가 책을 더 많이 읽을지 구하시오.

> 성규: 나는 책을 매일 110쪽씩 17일 동안 읽을 거야.
> 하늘: 나는 40일 동안 매일 40쪽씩 읽을 거야.

(   )

하루에 읽는 쪽수와 날수를 곱해 봐요.

핵심 예제 ❸

몫이 한 자리 수인 식을 찾아 기호를 쓰시오.

> ㉠ 785÷80   ㉡ 207÷20
> ㉢ 324÷19   ㉣ 681÷35

(   )

[전략]

나누어지는 수와 나누는 수를 비교하여 몫이 한 자리 수인지, 두 자리 수인지 알아봅니다.

[풀이]

■▲●÷★◆에서 ■▲ < ★◆이면 몫이 한 자리 수이고, ■▲ > ★◆이거나 ■▲ = ★◆이면 몫이 두 자리 수예요.

㉠ 785÷80에서 78<80이므로 몫이 한 자리 수입니다.
㉡ 207÷20에서 20=20이므로 몫이 두 자리 수입니다.
㉢ 324÷19에서 32>19이므로 몫이 두 자리 수입니다.
㉣ 681÷35에서 68>35이므로 몫이 두 자리 수입니다.

답 ㉠

3-1 몫이 한 자리 수인 식을 찾아 기호를 쓰시오.

> ㉠ 163÷14   ㉡ 572÷40
> ㉢ 680÷78   ㉣ 390÷35

(   )

3-2 몫이 두 자리 수인 식을 찾아 기호를 쓰시오.

> ㉠ 421÷56   ㉡ 980÷30
> ㉢ 258÷64   ㉣ 700÷79

(   )

핵심 예제 ❹

나머지가 가장 큰 식을 찾아 기호를 쓰시오.

> ㉠ 78÷20   ㉡ 86÷25
> ㉢ 41÷14   ㉣ 94÷42

(   )

[전략]

나눗셈을 하여 나머지의 크기를 비교합니다.

[풀이]

㉠ 78÷20=3…18   ㉡ 86÷25=3…11
㉢ 41÷14=2…13   ㉣ 94÷42=2…10
따라서 나머지가 18>13>11>10이므로 나머지가 가장 큰 식은 ㉠입니다.

답 ㉠

4-1 나머지가 가장 큰 식을 찾아 기호를 쓰시오.

> ㉠ 81÷19   ㉡ 74÷28
> ㉢ 93÷40   ㉣ 51÷17

(   )

4-2 나머지가 가장 작은 식을 찾아 기호를 쓰시오.

> ㉠ 55÷13   ㉡ 94÷26
> ㉢ 65÷16   ㉣ 76÷28

(   )

핵심 예제 ❺

미술관의 입장료가 어른은 900원, 어린이는 300원이라고 합니다. 어른이 40명, 어린이가 50명 입장했다면 입장료는 모두 얼마입니까?

(   )

전략

어른 40명의 입장료와 어린이 50명의 입장료를 각각 구해 더합니다.

풀이

어른 40명의 입장료는 $900 \times 40 = 36000$(원)이고, 어린이 50명의 입장료는 $300 \times 50 = 15000$(원)입니다.
따라서 입장료는 모두 $36000 + 15000 = 51000$(원)입니다.

답 51000원

5-1 박물관의 입장료가 어른은 700원, 어린이는 500원이라고 합니다. 어른이 20명, 어린이가 50명 입장했다면 입장료는 모두 얼마입니까?

(   )

5-2 어느 도시의 버스 요금이 청소년은 900원, 초등학생은 400원이라고 합니다. 청소년 40명, 초등학생 30명이 버스를 탔다면 버스 요금은 모두 얼마입니까?

(   )

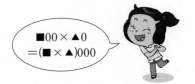

■00 × ▲0
=(■ × ▲)000

핵심 예제 ❻

다음 사탕을 봉지 한 개에 14개씩 담으려고 합니다. 사탕을 모두 담으려면 봉지는 적어도 몇 개 필요합니까?

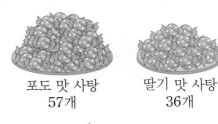

포도 맛 사탕   딸기 맛 사탕
57개   36개

(   )

전략

전체 사탕 수를 14로 나누어 14개씩 담을 봉지 수를 구하고, 남은 사탕을 담을 봉지 수를 더합니다.

풀이

사탕은 모두 $57 + 36 = 93$(개)입니다.
$93 \div 14 = 6 \cdots 9$이므로 14개씩 6봉지에 담고 남은 9개도 담아야 합니다.
따라서 봉지는 적어도 $6 + 1 = 7$(개)가 필요합니다.

답 7개

6-1 사과 49개와 배 23개를 봉지 한 개에 16개씩 담으려고 합니다. 사과와 배를 모두 담으려면 봉지는 적어도 몇 개 필요합니까?

(   )

6-2 문구점에 공책이 305권 있었는데 28권을 팔았습니다. 남은 공책을 상자 한 개에 15권씩 담으려고 합니다. 공책을 모두 담으려면 상자는 적어도 몇 개 필요합니까?

(   )

핵심 예제 ❼

어떤 수에 80을 곱해야 할 것을 잘못하여 더했더니 941이 되었습니다. 바르게 계산한 값을 구하시오.

(   )

전략

어떤 수를 □라 하고 잘못 계산한 식을 세워 어떤 수를 구한 다음 어떤 수에 80을 곱해서 바르게 계산한 값을 구합니다.

풀이

어떤 수를 □라고 하면 □＋80＝941입니다.
□＝941－80＝861이므로 바르게 계산한 값은
861×80＝68880입니다.

답 68880

7-1 어떤 수에 24를 곱해야 할 것을 잘못하여 더했더니 670이 되었습니다. 바르게 계산한 값을 구하시오.

(   )

7-2 어떤 수에 49를 곱해야 할 것을 잘못하여 뺐더니 318이 되었습니다. 바르게 계산한 값을 구하시오.

(   )

잘못 계산한 식을 세워 어떤 수를 먼저 구해요.

핵심 예제 ❽

수 카드를 한 번씩 사용하여 만들 수 있는 수 중 가장 작은 세 자리 수와 가장 큰 두 자리 수의 곱은 얼마입니까?

(   )

전략

가장 작은 세 자리 수는 높은 자리에 작은 수부터 놓고, 가장 큰 두 자리 수는 높은 자리에 큰 수부터 놓아 만듭니다.

풀이

1<2<4<5<8이므로 가장 작은 세 자리 수는 124이고, 가장 큰 두 자리 수는 85입니다.
⇨ 124×85＝10540

답 10540

8-1 수 카드를 한 번씩 사용하여 만들 수 있는 수 중 가장 큰 세 자리 수와 가장 작은 두 자리 수의 곱은 얼마입니까?

(   )

8-2 수 카드를 한 번씩 사용하여 만들 수 있는 수 중 가장 작은 세 자리 수와 가장 큰 두 자리 수의 곱은 얼마입니까?

| 7 | 5 | 2 | 8 | 4 |

(   )

1주

01 ⊙과 ⓒ에 알맞은 수의 합을 구하시오.

$$40 \times ⊙ = 12000$$
$$150 \times ⓒ = 6000$$

( )

Tip 1

(몇십)×(몇백)은 (몇)×(몇)의 곱에 0을 ☐개 붙인 것이고, (세 자리 수)×(몇십)은 (세 자리 수)×(몇)의 곱에 0을 ☐개 붙인 것임을 이용합니다.

02 세 사람 중 구슬을 가장 많이 가지고 있는 사람이 가진 구슬 수를 구하시오.

정우: 나는 구슬을 한 상자에 120개씩 13상자 가지고 있어.
수민: 나는 구슬을 한 봉지에 30개씩 50봉지 가지고 있어.
재혁: 나는 구슬을 한 묶음에 142개씩 11묶음 가지고 있어.

( )

Tip 2

한 상자/봉지/☐에 들어 있는 구슬의 수에 상자/봉지/묶음 수를 ☐하여 구슬의 수를 구합니다.

03 몫이 가장 작은 식을 찾아 기호를 쓰시오.

⊙ $315 \div 26$
ⓒ $622 \div 70$
ⓒ $260 \div 28$

( )

Tip 3

■▲●÷★◆에서 ■▲와 ☐의 크기를 비교하여 몫이 ☐ 자리 수인 식을 먼저 찾은 다음 나눗셈을 계산하여 몫의 크기를 비교합니다.

몫이 한 자리 수인 식을 먼저 찾아봐요.

04 나머지가 가장 큰 식부터 차례로 기호를 쓰시오.

⊙ $810 \div 19$ ⓒ $470 \div 28$
ⓒ $633 \div 40$ ⓔ $265 \div 17$

( )

Tip 4

(세 자리 수)÷(두 자리 수)를 계산하여 ☐를 구한 다음 ☐를 비교합니다.

답 **Tip** ① 3, 1 ② 묶음, 곱 답 **Tip** ③ ★◆, 한 ④ 나머지, 크기

05 기념관의 입장료가 어른은 700원, 어린이는 300원이라고 합니다. 어른 20명, 어린이 40명이 입장하여 5만 원을 냈다면 거스름돈으로 얼마를 받습니까?

(   )

Tip 5

(몇백)×(　　　)의 계산을 이용하여 어른과 어린이의 입장료의 합을 먼저 구한 다음 5만 원에서 빼　　　　　을 구합니다.

06 귤을 트럭 한 대에 84상자씩 실어 운반하면 6번 운반하고 10상자가 남습니다. 이 귤을 트럭 한 대에 40상자씩 실어 모두 운반하려면 적어도 몇 번 운반해야 합니까?

(   )

Tip 6

전체 귤 상자 수를 구한 후　　　으로 나눈 몫에 남은 귤 상자를 운반해야 하는 횟수　　　을 더해 구합니다.

07 어떤 수에 32를 곱해야 할 것을 잘못하여 더했더니 514가 되었습니다. 바르게 계산한 값과 잘못 계산한 값의 차를 구하시오.

(   )

Tip 7

잘못 계산한 식 (어떤 수)+　　　=514를 이용하여 어떤 수를 구한 다음 (어떤 수)×　　　를 계산합니다.

08 수 카드를 한 번씩 사용하여 만들 수 있는 수 중 가장 작은 세 자리 수와 두 번째로 큰 두 자리 수의 곱은 얼마입니까?

| 3 | 0 | 5 | 1 | 4 | 7 | 9 |

(   )

Tip 8

가장 작은 세 자리 수는 높은 자리에　　　은 수부터 놓고, 가장 큰 두 자리 수는 높은 자리에　　　수부터 놓아 만듭니다. 단, 가장 높은 자리에 0은 올 수 없습니다.

1주

답 **Tip** ⑤ 몇십, 거스름돈 ⑥ 40, 1

답 **Tip** ⑦ 32, 32 ⑧ 작, 큰

핵심 예제 1

하늘이는 매일 우유를 250 mL씩 마십니다. 하늘이가 3주 동안 마시는 우유의 양은 몇 mL입니까?

(   )

전략

하루에 마시는 우유의 양과 날수의 곱을 계산합니다.

풀이

일주일은 7일이므로 3주일은 $7 \times 3 = 21$(일)입니다.
따라서 하늘이가 3주 동안 마시는 우유는 모두
$250 \times 21 = 5250$ (mL)입니다.

답 5250 mL

1-1 민호는 매일 440 m씩 달리기를 합니다. 민호가 2주 동안 달리는 거리는 모두 몇 m입니까?

(   )

1-2 재현이는 매일 줄넘기를 127번씩 합니다. 재현이가 4월 한 달 동안 하게 되는 줄넘기 횟수는 몇 번입니까?

(   )

1주일은 7일이고,
4월은 30일이에요.

핵심 예제 2

길이가 2 m 41 cm인 색 테이프가 있습니다. 색 테이프를 26 cm씩 잘라서 리본을 만들면 몇 개까지 만들 수 있는지 식을 쓰고 답을 구하시오.

식 _____

답 _____

전략

나눗셈식을 세우고 몫을 구합니다.

풀이

1 m $=$ 100 cm이므로 2 m 41 cm $=$ 241 cm입니다.
$241 \div 26 = 9 \cdots 7$
⇨ 리본을 9개까지 만들 수 있고, 7 cm가 남습니다.

답 $241 \div 26 = 9 \cdots 7$; 9개

2-1 길이가 3 m 58 cm인 색 테이프가 있습니다. 색 테이프를 44 cm씩 잘라서 리본을 만들면 몇 개까지 만들 수 있는지 식을 쓰고 답을 구하시오.

식 _____

답 _____

2-2 길이가 4 m 23 cm인 철사가 있습니다. 철사를 19 cm씩 자르려고 합니다. 몇 도막까지 자를 수 있는지 식을 쓰고 답을 구하시오.

식 _____

답 _____

핵심 예제 ❸

지우개는 한 상자에 128개씩 73상자 있고, 클립은 한 상자에 356개씩 24상자 있습니다. 지우개와 클립 중 어느 것이 몇 개 더 많습니까?
(   ), (   )

[전략]
지우개와 클립 수를 구하는 곱셈식을 각각 세우고 계산합니다.

[풀이]
지우개: $128 \times 73 = 9344$(개)
클립: $356 \times 24 = 8544$(개)
⇨ 지우개가 클립보다 $9344 - 8544 = 800$(개) 더 많습니다.

[답] 지우개, 800개

3-1 초콜릿은 한 상자에 209개씩 34상자 있고, 사탕은 한 상자에 172개씩 55상자 있습니다. 초콜릿과 사탕 중 어느 것이 몇 개 더 많습니까?
(   ), (   )

3-2 단추는 한 상자에 483개씩 19상자 있고, 옷핀은 한 상자에 224개씩 38상자 있습니다. 단추와 옷핀 중 어느 것이 몇 개 더 많습니까?
(   ), (   )

핵심 예제 ❹

㉮와 ㉯의 크기를 비교하여 ◯ 안에 >, =, <를 알맞게 써넣으시오.

$$㉮ \div 26 = 8 \cdots 3$$
$$㉯ \div 35 = 6 \cdots 9$$

㉮ ◯ ㉯

[전략]
나눗셈이 맞는지 확인하는 방법을 이용하여 ㉮와 ㉯를 구한 다음 크기를 비교합니다.

[풀이]
$26 \times 8 = 208$, $208 + 3 = 211$이므로 ㉮$= 211$이고, $35 \times 6 = 210$, $210 + 9 = 219$이므로 ㉯$= 219$입니다.
따라서 $211 < 219$이므로 ㉮$<$㉯입니다.

[답] <

4-1 ㉮와 ㉯의 크기를 비교하여 ◯ 안에 >, =, <를 알맞게 써넣으시오.

$$㉮ \div 23 = 9 \cdots 11$$
$$㉯ \div 41 = 4 \cdots 30$$

㉮ ◯ ㉯

4-2 ㉮와 ㉯의 크기를 비교하여 ◯ 안에 >, =, <를 알맞게 써넣으시오.

$$㉮ \div 54 = 6 \cdots 1$$
$$㉯ \div 33 = 9 \cdots 28$$

㉮ ◯ ㉯

핵심 예제 ⑤

길이가 800 m인 산책길의 양쪽에 처음부터 끝까지 가로수를 심으려고 합니다. 가로수와 가로수 사이를 25 m 간격으로 심는다면 가로수는 모두 몇 그루 필요한지 구하시오. (단, 가로수의 굵기는 생각하지 않습니다.)

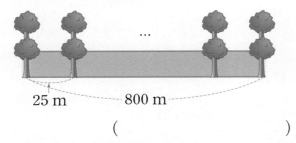

25 m   800 m

(   )

전략

길의 길이를 가로수 사이의 간격으로 나누어 필요한 가로수의 수를 구합니다.

풀이

간격의 수는 $800 \div 25 = 32$(군데)이므로 산책길 한쪽에 가로수는 $32 + 1 = 33$(그루) 필요합니다. 따라서 산책길 양쪽에 가로수는 모두 $33 \times 2 = 66$(그루) 필요합니다.

> 길의 처음에도 나무 1그루를 심어야 함에 주의해요.

답 66그루

5-1 길이가 612 m인 산책길의 양쪽에 처음부터 끝까지 가로수를 심으려고 합니다. 가로수와 가로수 사이를 18 m 간격으로 심는다면 가로수는 모두 몇 그루 필요한지 구하시오. (단, 가로수의 굵기는 생각하지 않습니다.)

(   )

핵심 예제 ⑥

현준이네 학교 학생들이 한 줄에 52명씩 줄을 서면 15줄이 되고 남는 학생이 없습니다. 이 학생들이 한 줄에 30명씩 줄을 선다면 몇 줄이 됩니까?

(   )

전략

전체 학생 수를 먼저 구한 다음 30명씩 몇 줄이 되는지 구합니다.

풀이

현준이네 학교 학생은 모두 $52 \times 15 = 780$(명)입니다.
780명이 한 줄에 30명씩 줄을 선다면 $780 \div 30 = 26$(줄)이 됩니다.

답 26줄

6-1 승규네 학교 학생들이 한 줄에 36명씩 줄을 서면 21줄이 되고 남는 학생이 없습니다. 이 학생들이 한 줄에 14명씩 줄을 선다면 몇 줄이 됩니까?

(   )

6-2 서현이네 학교 학생들이 한 줄에 20명씩 줄을 서면 36줄이 되고 남는 학생이 없습니다. 이 학생들이 한 줄에 12명씩 줄을 선다면 몇 줄이 됩니까?

(   )

핵심 예제 ❼

나눗셈에서 ☐ 안에 알맞은 수를 써넣으시오.

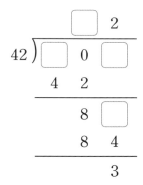

전략

(세 자리 수)÷(두 자리 수)를 세로로 계산하는 방법을 알고 ☐ 안에 알맞은 수를 구합니다.

풀이

42×㉠=420이므로 ㉠=1입니다.
㉡0−42=80이므로
㉡0=8+42=50, ㉡=5입니다.
8㉣−84=30이므로
8㉣=3+84=87, ㉣=7이고,
㉢=㉣=7입니다.

답 (위에서부터) 1, 5, 7, 7

7-1 나눗셈에서 ☐ 안에 알맞은 수를 써넣으시오.

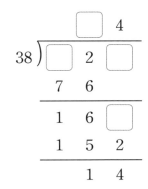

핵심 예제 ❽

어떤 수에 14를 곱해야 할 것을 잘못하여 14로 나누었더니 몫이 19이고, 나머지가 8이었습니다. 바르게 계산한 값을 구하시오.

( )

전략

나눗셈의 결과가 맞는지 확인하는 방법을 이용하여 어떤 수를 구한 다음 바르게 계산한 값을 구합니다.

풀이

어떤 수를 ☐라고 하고 잘못 계산한 식을 쓰면
☐÷14=19…8입니다.
14×19=266, 266+8=274이므로 ☐=274입니다.
따라서 바르게 계산하면 274×14=3836입니다.

답 3836

8-1 어떤 수에 25를 곱해야 할 것을 잘못하여 25로 나누었더니 몫이 13이고, 나머지가 10이었습니다. 바르게 계산한 값을 구하시오.

( )

8-2 어떤 수에 71을 곱해야 할 것을 잘못하여 17로 나누었더니 몫이 48이고, 나머지가 23이었습니다. 바르게 계산한 값을 구하시오.

( )

어떤 수를 ☐라고 하고 잘못 계산한 식을 먼저 세워 봐요.

01 승규와 재성이가 달리기를 합니다. 두 사람이 달리는 거리는 모두 몇 m인지 구하시오.

> 승규: 매일 530 m씩 3주 동안 달리기
> 재성: 매일 420 m씩 2주 동안 달리기

(   )

Tip ①

하루에 달리는 [   ]와 달리는 날수의 [   ]을 계산하여 달린 거리를 구합니다.

02 길이가 1 m 92 cm인 색 테이프가 있습니다. 색 테이프를 35 cm씩 잘라서 리본을 만들면 몇 개까지 만들 수 있고 몇 cm가 남는지 식을 쓰고, 답을 구하시오.

식 _____

답 _____ , _____

Tip ②

나눗셈식을 세워 계산했을 때, [   ]은 만들 수 있는 리본 수이고, [   ]는 남는 색 테이프의 길이입니다.

03 창고에 축구공이 25개, 농구공이 19개 있습니다. 축구공과 농구공의 무게가 다음과 같을 때, 창고에 있는 공의 무게는 모두 몇 g입니까?

352 g   539 g

(   )

Tip ③

공 1개의 [   ]와 공의 수를 [   ]하여 전체 무게를 구한 다음 더합니다.

04 ㉮, ㉯, ㉰의 크기를 비교하여 가장 큰 수의 기호를 쓰시오.

> ㉮ ÷ 64 = 3 … 1
> ㉯ ÷ 22 = 8 … 19
> ㉰ ÷ 38 = 4 … 34

(   )

Tip ④

■ ÷ ▲ = ● … ★일 때 ▲ × [   ] = ♥, ♥ + [   ] = ■임을 이용하여 ㉮, ㉯, ㉰를 구합니다.

답 **Tip** ① 거리, 곱 ② 몫, 나머지   답 **Tip** ③ 무게, 곱 ④ ●, ★

05 길이가 660 m인 도로의 양쪽에 처음부터 끝까지 같은 간격으로 전봇대가 세워져 있습니다. 전봇대를 세어 보니 42개라면 전봇대는 몇 m 간격으로 세워져 있습니까? (단, 전봇대의 굵기는 생각하지 않습니다.)

(   )

Tip ⑤

도로 한쪽에 세워진 전봇대의 수를 구한 다음 ☐ 을 빼면 전봇대 사이의 간격의 수와 같습니다.
도로의 길이를 전봇대 사이의 ☐ 의 수로 나누어 전봇대 사이의 간격을 구합니다.

전봇대 사이 간격의 수는 전봇대 수 보다 1작은 수예요.

06 민호네 학교 학생들이 한 줄에 20명씩 줄을 서면 34줄이 되고 16명이 남습니다. 이 학생들이 한 줄에 12명씩 줄을 선다면 몇 줄이 됩니까?

(   )

Tip ⑥

20×34에 ☐ 을 더하여 민호네 학교 학생 수를 구한 다음 ☐ 로 나누어 몇 줄로 서게 되는지 구합니다.

07 나눗셈에서 ☐ 안에 알맞은 수를 써넣으시오.

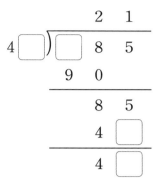

Tip ⑦

90은 나누는 수 4☐와 ☐의 ☐임을 이용하여 나누는 수를 먼저 구합니다.

08 어떤 수를 24로 나누어야 할 것을 잘못하여 42로 나누었더니 몫이 11이고, 나머지가 31이었습니다. 바르게 계산했을 때의 몫과 나머지를 구하시오.

몫 (   )

나머지 (   )

Tip ⑧

■÷▲=●…★일 때, ▲×●에 ☐ 을 더하여 ■를 구할 수 있으므로 어떤 수를 구한 다음 ☐ 로 나누어 몫과 나머지를 구합니다.

1주

답 Tip ⑤ 1, 간격 ⑥ 16, 12

답 Tip ⑦ 2, 곱 ⑧ ★, 24

1주 누구나 만점 전략

곱셈과 나눗셈

01 저금통에 매일 300원씩 동전을 넣었습니다. 30일 동안 저금통에 넣은 돈은 모두 얼마인지 식을 쓰고 답을 구하시오.

식 _____

답 _____

(몇백)×(몇십)
=(몇×몇)000

02 빈칸에 알맞은 수를 써넣으시오.

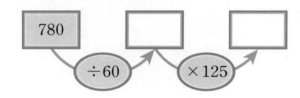

| 780 |

÷60   ×125

03 나눗셈을 하여 몫은 ☐ 안에, 나머지는 ○ 안에 써넣으시오.

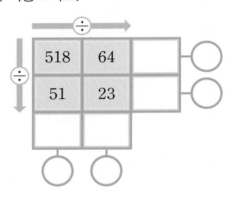

| 518 | 64 |
| 51 | 23 |

04 물이 1분에 12 L씩 일정하게 나오는 수도가 있습니다. 이 수도를 틀어 3시간 8분 동안 받을 수 있는 물은 모두 몇 L입니까?

(   )

05 수 카드를 한 번씩 사용하여 만들 수 있는 세 자리 수 중 세 번째로 큰 수와 28의 곱을 계산하시오.

3   5   4   9

(   )

06 대화를 읽고 과일을 바구니에 가능한 많이 담았을 때 남는 과일의 수가 가장 적은 사람을 찾아 이름을 쓰시오.

사과 78개를 바구니에 12개씩 담았어.

배 56개를 바구니에 13개씩 담았어.

복숭아 61개를 바구니에 14개씩 담았어.

유진   원영   정환

(   )

07 ☐ 안에 알맞은 수를 써넣으시오.

$$\boxed{} \div 25 = 9 \cdots 10$$

☐ ÷ ● = ▲ ⋯ ★

● × ▲와 ★의 합으로 ☐를 구할 수 있어요.

08 한 개에 940원인 양파 13개와 한 개에 820원인 당근 22개를 샀습니다. 양파와 당근을 산 값은 모두 얼마입니까?

(   )

09 280보다 큰 수 중에서 70으로 나누었을 때 나머지가 19가 되는 가장 작은 수를 구하시오.

(   )

1주

10 시원이네 학교 학생들이 한 줄에 15명씩 줄을 서면 44줄이 되고 남는 학생이 없습니다. 이 학생들이 12명씩 줄을 선다면 몇 줄이 됩니까?

(   )

01 코드를 실행하여 나눗셈을 하려고 합니다. 934를 입력하고 코드를 실행했을 때 52를 빼는 것을 몇 번 반복하는지 쓰고 남은 수는 무엇인지 ☐ 안에 알맞은 수를 써넣으시오.

Tip ①

934에서 52를 더 이상 뺄 수 없을 때까지 빼는 횟수는 934를 52로 나누었을 때의 ☐과 같고, 남은 수는 ☐와 같습니다.

> 🖱 시작하기 버튼을 클릭했을 때
>
> 52 만큼 빼기 ⊖
>
> 남은 수가 52 보다 크거나 같으면 반복하기 ↻
>
> 남은 수가 52 보다 작으면 남은 수 쓰기 ✎

$$934 \div 52 = \boxed{} \cdots \boxed{}$$

$$\Rightarrow 934 - 52 - 52 - \cdots - 52 - 52 = \boxed{}$$

$$\underbrace{}_{\boxed{} \text{번}}$$

↑ 남은 수

02 2장의 수 카드를 골라 (세 자리 수)×(두 자리 수)의 곱셈식을 완성하려고 합니다. 곱이 가장 큰 곱셈식을 만들고 곱을 구하시오.

Tip ②

곱이 가장 큰 곱셈식을 만들려면 빈 곳에 수 카드 중에서 가장 큰 수인 ☐과 두 번째로 큰 수인 ☐이 들어가야 합니다.

12	83
46	39

$$\Rightarrow \quad \begin{array}{r} \boxed{}\,4 \\ \times\ \boxed{} \\ \hline \boxed{} \end{array}$$

03 나눗셈 상자에 어떤 수를 넣었더니 몫이 7, 나머지가 ■가 되어 나왔습니다. 어떤 수가 될 수 있는 수 중에서 가장 큰 수는 얼마입니까?

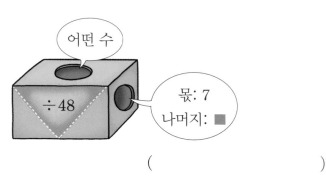

(   )

Tip ③

나누는 수가 48일 때 나머지가 될 수 있는 가장 큰 수는 ☐ 입니다.
이때 나눗셈식은
(어떤 수)÷48＝7…☐ 이므로 나눗셈을 확인하는 식을 이용하여 어떤 수가 될 수 있는 수 중에서 가장 큰 수를 구합니다.

나머지가 가장 클 때 어떤 수가 가장 커요.

04 각 화살표는 일정한 규칙에 따라 계산합니다. 화살표의 규칙에 따라 계산했을 때 ☐ 안에 알맞은 수를 구하시오.

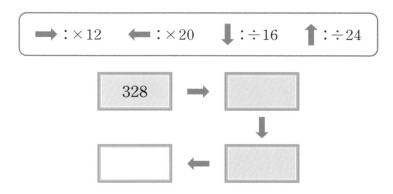

→ : ×12   ← : ×20   ↓ : ÷16   ↑ : ÷24

| 328 | → | ☐ |

↓

| ☐ | ← | ☐ |

Tip ④

화살표의 규칙에 따라 328에 12를 곱한 다음 ☐ 으로 나누고 ☐ 을 곱해서 알맞은 수를 구합니다.

답 **Tip** ③ 47, 47 ④ 16, 20

05 ▲ 기호와 ♥ 기호를 다음과 같이 약속할 때, 94▲16과 543♥27 의 차를 구하시오.

> 가▲나 ⇨ 가÷나의 몫
> 가♥나 ⇨ 가÷나의 나머지

(   )

06 순서도에서 처리되어 출력되는 값을 구하시오.

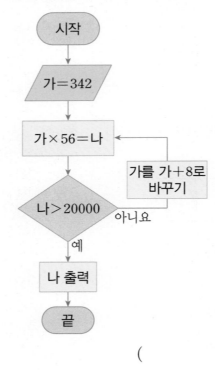

(   )

07 통나무를 9도막으로 자르려고 합니다. 통나무를 한 번 자르는 데 135초가 걸린다면 9도막으로 자르는 데 몇 분이 걸리는지 알아보시오.

Tip ⑦

통나무를 자른 □와 통나무 □ 수 사이의 관계를 알고 통나무를 9도막으로 자르는 데 걸리는 시간이 몇 초인지 먼저 구합니다.

한 번 자르는 데 135초가 걸려요.

(1) 통나무를 자른 횟수와 통나무 도막 수 사이의 관계를 알아보고 □ 안에 알맞은 수를 써넣으시오.

통나무를 1번 자르면 □도막, 2번 자르면 □도막이 되므로 (통나무를 자른 횟수)+□=(통나무 도막 수)입니다.

(2) 통나무를 9도막으로 자르려면 통나무를 몇 번 잘라야 합니까?

(   )

답을 몇 초로 쓰지 않도록 주의해요. 60초=1분임을 이용해요.

(3) 통나무를 9도막으로 자르는 데 걸리는 시간은 몇 분입니까?

(   )

답 Tip ⑦ 횟수, 도막

개념 01 눈금 한 칸의 크기가 1이 아닌 막대그래프

• 눈금 한 칸의 크기 알아보기
① 막대그래프에서 수가 쓰여진 눈금을 찾습니다.
② 그 수를 눈금의 수로 나눕니다.

좋아하는 꽃별 학생 수

세로 눈금 5칸이 10명을 나타냅니다.
따라서 세로 눈금 한 칸은 10÷❶ =❷ (명)을
나타냅니다.

확인 01 막대그래프를 보고 ☐ 안에 알맞은 수를 써넣으시오.

종류별 공의 수

세로 눈금 5칸이 ☐ 개를 나타냅니다.

따라서 세로 눈금 한 칸은

☐ ÷5= ☐ (개)를 나타냅니다.

> 세로 눈금 5칸이
> 나타내는 수를 보고 5로
> 나누어 세로 눈금 한 칸의
> 크기를 구해요.

개념 02 표와 막대그래프 비교하기

• 표의 장점
조사한 전체 수를 알아보기 편리합니다.
• 막대그래프의 장점
수량의 많고 적음을 비교하기 편리합니다.

좋아하는 색깔별 학생 수

색깔	빨강	파랑	노랑	보라	합계
학생 수 (명)	5	7	4	9	25

좋아하는 색깔별 학생 수

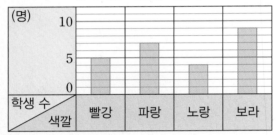

① 표에서 합계가 25이므로 조사한 전체 학생 수는
❶ ☐ 명입니다.

② 막대그래프에서 막대의 길이가 가장 긴 항목은
보라이므로 가장 많은 학생들이 좋아하는 색깔
은 ❷ ☐ 입니다.

확인 02 위의 막대그래프를 보고 ☐ 안에 알맞은 말을 써넣으시오.

막대의 길이가 가장 짧은 항목은 ☐ 이
므로 가장 적은 학생들이 좋아하는 색깔은
☐ 입니다.

답 개념 01 ❶ 5 ❷ 2

답 개념 02 ❶ 25 ❷ 보라

개념 03 막대그래프 그리기

- 여러 가지 막대그래프 그리기

좋아하는 과목별 학생 수

과목	국어	수학	체육	음악	합계
학생 수 (명)	6	2	4	8	20

① 세로 눈금 한 칸이 2명을 나타내는 막대그래프

좋아하는 과목별 학생 수

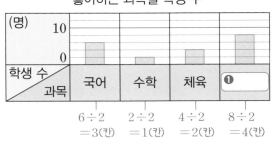

$$6 \div 2 \quad 2 \div 2 \quad 4 \div 2 \quad 8 \div 2$$
$$= 3(칸) \quad = 1(칸) \quad = 2(칸) \quad = 4(칸)$$

② 막대가 가로인 막대그래프

좋아하는 과목별 학생 수

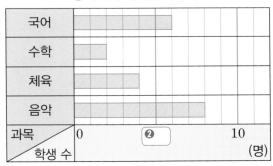

확인 03 위의 표를 보고 가로 눈금 한 칸이 2명을 나타내는 막대가 가로인 막대그래프를 완성하시오.

좋아하는 과목별 학생 수

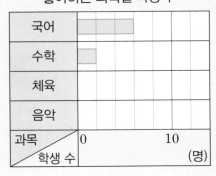

답 **개념 03** ❶ 음악 ❷ 5

개념 04 표와 막대그래프를 비교하여 완성하기

좋아하는 운동별 학생 수

운동	야구	축구	농구	배구	합계
학생 수 (명)	10		6	3	30

좋아하는 운동별 학생 수

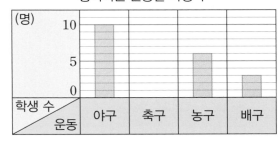

① 표에서 축구를 좋아하는 학생은
$30 - 10 - 6 - 3 = $ ❶ (명)입니다.
└ 합계

② 막대그래프에서 축구는 세로 눈금 ❷ 칸인 막대를 그립니다.

확인 04 다음은 학생들이 좋아하는 요일을 조사하여 나타낸 표와 막대그래프입니다. 표와 막대그래프를 완성하시오.

좋아하는 요일별 학생 수

요일	금요일	토요일	일요일	합계
학생 수 (명)	8		5	20

좋아하는 요일별 학생 수

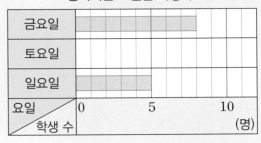

답 **개념 04** ❶ 11 ❷ 11

2주

개념 05 수의 배열에서 규칙 찾기

어느 방향으로 수의 크기가 얼마만큼 커지거나 작아지는지 알아봅니다.

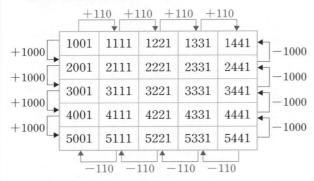

가로	① 1001부터 시작하여 오른쪽으로 ❶ [ ]씩 커집니다. ② 3441부터 시작하여 왼쪽으로 110씩 작아집니다.
세로	① 1001부터 시작하여 아래쪽으로 ❷ [ ]씩 커집니다. ② 5111부터 시작하여 위쪽으로 1000씩 작아집니다.

확인 05 위의 수 배열표를 보고 ⬜ 안에 알맞은 수나 말을 써넣으시오.

(1) 1001부터 시작하여 ↘ 방향으로
[   ]씩 커집니다.

(2) 5001부터 시작하여 ↗ 방향으로
890씩 [   ].

개념 06 도형의 배열에서 규칙 찾기

개수의 규칙과 색깔의 규칙을 차례로 알아봅니다.

첫째 둘째 셋째

넷째 다섯째

① 개수의 규칙
1개에서 시작하여 ❶ [ ]개씩 늘어나는 규칙이 있습니다.
② 색깔의 규칙
노란색과 초록색이 반복되는 규칙이 있습니다.

➡ 여섯째에 알맞은 모양은 노란색 다음이므로
❷ [   ]이고 5+1=6(개)입니다.

확인 06 도형의 배열에서 규칙을 찾아 ⬜ 안에 알맞은 수를 써넣으시오.

첫째 둘째 셋째 넷째

사각형의 수가 가로와 세로로 각각 [ ]개씩 더 늘어나며 정사각형을 이루는 규칙이 있습니다.

도형의 개수가 어떻게 변하는지, 색깔이 어떻게 변하는지 보고 규칙을 찾을 수 있어요.

답 개념 05 ❶ 110 ❷ 1000

답 개념 06 ❶ 1 ❷ 초록색

개념 07 계산식에서 규칙 찾아보기

• 뺄셈식에서 규칙 찾아보기

순서	뺄셈식
첫째	$353-148=205$
둘째	$453-248=205$
셋째	$553-348=205$
넷째	$653-448=205$

같은 자리의 수가 똑같이 커지는 두 수의 ❶ 는 항상 일정합니다.

• 곱셈식에서 규칙 찾아보기

순서	곱셈식
첫째	$10\times20=200$
둘째	$20\times20=400$
셋째	$30\times20=600$
넷째	$40\times20=800$

10씩 커지는 수에 20을 곱하면 결과가 ❷ 씩 커집니다.

확인 07 계산식에서 규칙을 찾아 ☐ 안에 알맞은 수를 써넣으시오.

(1)
$130+210=340$
$130+220=350$
$130+230=360$
$130+240=370$

130에 ☐ 씩 커지는 수를 더하면 계산 결과가 ☐ 씩 커집니다.

(2)
$770\div10=77$
$660\div10=66$
$550\div10=55$
$440\div10=44$

110씩 작아지는 수를 ☐ 으로 나누면 계산 결과가 ☐ 씩 작아집니다.

개념 08 계산 도구를 사용하여 규칙 찾기

순서	나눗셈식
첫째	$111111111\div9$ $=12345679$
둘째	$222222222\div18$ $=12345679$
셋째	$333333333\div27$ $=12345679$
넷째	$444444444\div36$ $=$ ❶ ☐
⋮	⋮
■째	$(111111111\times■)\div(9\times■)$ $=12345679$

나누어지는 수와 나누는 수가 각각 2배, 3배, …씩 커지면 몫은 모두 ❷ ☐ .

확인 08 위의 나눗셈식의 규칙을 찾아 ☐ 안에 알맞은 수를 써넣으시오.

(1) $72=9\times$ ☐ 이므로 72로 나누었을 때 몫이 12345679가 되는 수는 $111111111\times$ ☐ $=$ ☐ 입니다.

(2) 다섯째 나눗셈식은 $555555555\div$ ☐ $=$ ☐ 입니다.

식에서 변하는 수를 찾아 결과와 비교해 보면 규칙을 찾을 수 있어요.

답 개념 07 ❶ 차 ❷ 200

답 개념 08 ❶ 12345679 ❷ 같습니다

[01 ~ 02] 재희네 학교 4학년 학생 중 안경을 쓴 학생 수를 반별로 조사하여 나타낸 표입니다. 물음에 답하시오.

반별 안경을 쓴 학생 수

반	1반	2반	3반	4반	합계
학생 수(명)	12	8	16	20	56

01 표를 보고 막대그래프로 나타내시오.

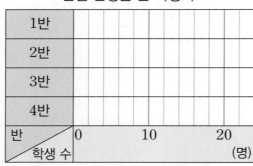

문제 해결 전략 ①

가로 눈금 한 칸이 □명을 나타내므로 막대를 (학생 수÷□)칸으로 그립니다.

02 위의 표를 세로 눈금 한 칸이 4명을 나타내는 막대그래프로 나타낸다면 3반의 안경을 쓴 학생 수는 몇 칸으로 그려야 합니까?

( )

문제 해결 전략 ②

3반의 학생 수인 □명을 눈금 한 칸이 나타내는 크기인 □명으로 나누어 막대를 몇 칸으로 그려야 하는지 구합니다.

03 규칙적인 수의 배열에서 ■, ●에 알맞은 수를 각각 구하시오.

2217	3217	■	5217		
		4317	5317	●	7317

■ ( ), ● ( )

문제 해결 전략 ③

가로는 오른쪽으로 □씩 커지므로 바로 왼쪽에 있는 수보다 □ 큰 수를 구합니다.

답 ① 2, 2 ② 16, 4 ③ 1000, 1000

04 석원이네 반 학생들이 가 보고 싶은 나라를 조사하여 나타낸 막대 그래프입니다. 석원이네 반 학생이 모두 26명일 때 미국을 가 보고 싶은 학생은 몇 명입니까?

가 보고 싶은 나라별 학생 수

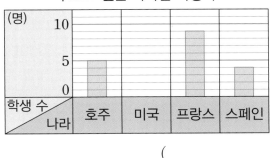

( )

05 계산식의 배열에서 규칙을 찾아 빈칸에 알맞은 식을 써넣고, 규칙을 설명하시오.

$$512+106=618$$
$$522+116=638$$
$$532+126=658$$
$$542+136=678$$

☐

규칙 _____

_____

_____

06 규칙에 따라 계산 결과가 49가 되는 덧셈식을 쓰시오.

순서	덧셈식
첫째	$1+2+1=4$
둘째	$1+2+3+2+1=9$
셋째	$1+2+3+4+3+2+1=16$
넷째	$1+2+3+4+5+4+3+2+1=25$

식 _____

핵심 예제 ❶

막대그래프를 보고 가장 적게 기르는 동물은 몇 마리인지 구하시오.

농장에서 기르고 있는 동물 수

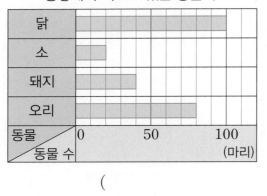

(   )

전략

막대의 길이를 비교하여 가장 적게 기르는 동물을 찾습니다.

풀이

가장 적게 기르는 동물은 막대의 길이가 가장 짧은 소입니다.
가로 눈금 한 칸이 $50 \div 5 = 10$(마리)를 나타내므로 소는
$10 \times 2 = 20$(마리)입니다.

답 20마리

1-1 막대그래프를 보고 가장 많은 혈액형은 몇 명인지 구하시오.

혈액형별 학생 수

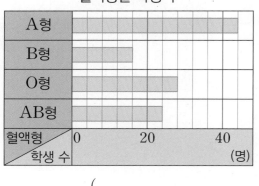

(   )

핵심 예제 ❷

도서관의 입장객 수가 목요일은 화요일보다 10명이 더 많았습니다. 막대그래프에서 목요일은 세로 눈금 몇 칸인 막대로 그려야 합니까?

요일별 입장객 수

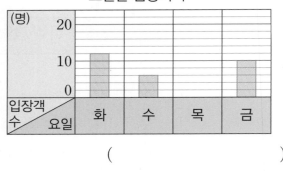

(   )

전략

화요일의 입장객 수를 알아본 다음 목요일의 입장객 수를 구해 막대를 몇 칸으로 그려야 하는지 구합니다.

풀이

세로 눈금 한 칸은 2명을 나타내므로 화요일의 입장객은 12명입니다.
⇨ 목요일의 입장객은 $12 + 10 = 22$(명)이므로 세로 눈금 $22 \div 2 = 11$(칸)인 막대를 그려야 합니다.

답 11칸

2-1 1학년 학생 수가 3학년 학생 수보다 40명이 더 적습니다. 막대그래프에서 1학년은 세로 눈금 몇 칸인 막대로 그려야 합니까?

학년별 학생 수

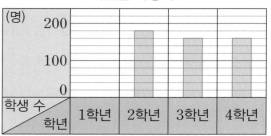

(   )

핵심 예제 ③

민호네 학교 학생들이 좋아하는 계절을 조사하여 나타낸 표와 막대그래프입니다. 표와 막대그래프를 완성하시오.

좋아하는 계절별 학생 수

계절	봄	여름	가을	겨울	합계
학생 수 (명)	80	20		40	200

좋아하는 계절별 학생 수

전략

표의 내용을 이용하여 가을을 좋아하는 학생 수를 구한 다음 막대그래프에 막대를 그립니다.

풀이

(가을을 좋아하는 학생 수)＝200－80－20－40＝60(명)
막대그래프의 세로 눈금 한 칸이 20명을 나타내므로 가을을 좋아하는 학생은
세로 눈금 60÷20＝3(칸)인 막대를 그립니다.

답 60, 좋아하는 계절별 학생 수

3-1 지효네 동네 어린이들이 좋아하는 간식을 조사하여 나타낸 표와 막대그래프입니다. 표와 막대그래프를 완성하시오.

좋아하는 간식별 어린이 수

간식	호두과자	떡볶이	붕어빵	팥빙수	합계
어린이 수(명)		20	10	12	50

좋아하는 간식별 어린이 수

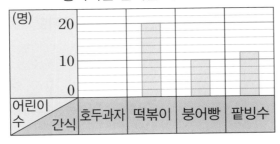

3-2 지유네 학교 학생들이 좋아하는 음료수를 조사하여 나타낸 표와 막대그래프입니다. 표와 막대그래프를 완성하시오.

좋아하는 음료수별 학생 수

음료수	우유	콜라	주스	사이다	합계
학생 수 (명)	20	100	70		250

좋아하는 음료수별 학생 수

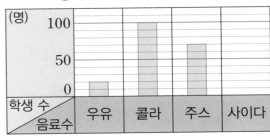

핵심 예제 ④

수 배열표에서 조건을 만족하는 규칙적인 수의 배열을 찾아 색칠했을 때 가장 큰 수를 구하시오.

- 가장 작은 수는 3463입니다.
- 다음 수는 앞의 수보다 900씩 커집니다.

3063	3163	3263	3363	3463
4063	4163	4263	4363	4463
5063	5163	5263	5363	5463
6063	6163	6263	6363	6463

(   )

전략

3463을 찾은 다음 3463보다 900 큰 수, 그 수보다 900 큰 수, ...를 순서대로 찾습니다.

풀이

3463부터 시작하여 900씩 커지는 수는 ╱ 방향에 있는 3463, 4363, 5263, 6163입니다. 따라서 각 칸을 색칠했을 때 가장 큰 수는 6163입니다.

답 6163

4-1 수 배열표에서 조건을 만족하는 규칙적인 수의 배열을 찾아 색칠했을 때 가장 작은 수를 구하시오.

- 가장 큰 수는 5810입니다.
- 다음 수는 앞의 수보다 1200씩 작아집니다.

2010	2210	2410	2610	2810
3010	3210	3410	3610	3810
4010	4210	4410	4610	4810
5010	5210	5410	5610	5810

(   )

핵심 예제 ⑤

규칙적인 계산식을 보고 규칙에 따라 계산 결과가 1260이 되는 계산식을 쓰시오.

순서	계산식
첫째	$100+500-140=460$
둘째	$300+600-340=560$
셋째	$500+700-540=660$
넷째	$700+800-740=760$

식 _____

전략

계산식과 계산 결과에서 규칙을 먼저 찾아 봅니다.

풀이

순서	계산식
첫째	$100+500-140=460$
둘째	$300+600-340=560$
셋째	$500+700-540=660$
넷째	$700+800-740=760$

200씩 커집니다.   100씩 커집니다.   200씩 커집니다.   100씩 커집니다.

계산 결과가 1260이 되는 경우는 아홉째 계산식입니다.
⇨ $1700+1300-1740=1260$

답 $1700+1300-1740=1260$

5-1 규칙적인 계산식을 보고 규칙에 따라 계산 결과가 690이 되는 계산식을 쓰시오.

순서	계산식
첫째	$880-130+10=760$
둘째	$860-140+30=750$
셋째	$840-150+50=740$
넷째	$820-160+70=730$

식 _____

핵심 예제 ❻

도형의 배열에서 규칙을 찾아 쓰고 다섯째에 알맞은 모양을 그리시오.

(단, 모양을 그릴 때, 모형 을 □와 같이 간단히 나타냅니다.)

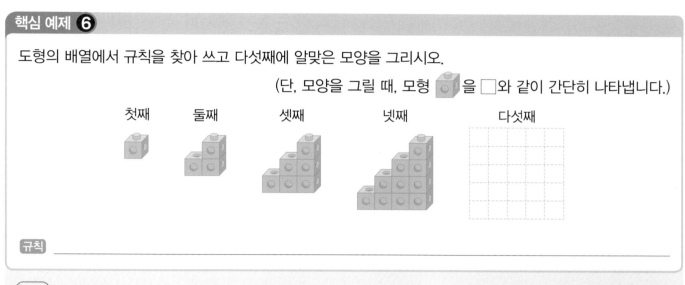

첫째 둘째 셋째 넷째 다섯째

[규칙] _____

[전략]

모형의 수가 어느 위치에 몇 개씩 늘어나는지 알아봅니다.

[풀이]

모형의 수가 1개부터 시작하여 아래쪽에 2개, 3개, 4개, ...씩 더 늘어나므로 다섯째에 알맞은 모양은 넷째 모양에서 아래쪽에 5개가 더 늘어난 모양입니다.

[답] 예 모형의 수가 1개부터 시작하여 ; 아래쪽에 2개, 3개, 4개, ...씩 더 늘어납니다.

2주

6-1 도형의 배열에서 규칙을 찾아 쓰고 다섯째에 알맞은 모양을 그리시오. (단, 모양을 그릴 때, 모형 을 □와 같이 간단히 나타냅니다.)

첫째 둘째 셋째

넷째 다섯째

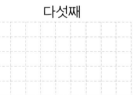

[규칙] _____

_____

6-2 도형의 배열에서 규칙을 찾아 쓰고 여섯째에 알맞은 모양을 그리시오. (단, 모양을 그릴 때, 모형 을 □와 같이 간단히 나타냅니다.)

첫째 둘째 셋째

넷째 다섯째 여섯째

[규칙] _____

_____

01

좋아하는 학생 수가 가장 많은 민속놀이와 가장 적은 민속놀이의 학생 수의 차를 구하시오.

좋아하는 민속놀이별 학생 수

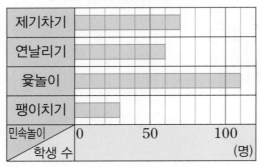

민속놀이 \ 학생 수	0	50	100

(   )

Tip ①

가장 많은 학생들이 좋아하는 민속놀이는 막대가 가장 [   ] 민속놀이이고, 가장 적은 학생들이 좋아하는 민속놀이는 막대가 가장 [   ] 민속놀이입니다.

02

라 마을 사람 수는 가 마을 사람 수의 2배보다 20명 더 적습니다. 막대그래프를 완성하시오.

마을별 사람 수

Tip ②

세로 눈금 한 칸이 [   ]명을 나타내므로 가 마을의 사람 수인 [   ]명의 2배에서 20명을 빼어 라 마을의 사람 수를 구합니다.

03

수 배열표에서 조건을 만족하는 규칙적인 수의 배열을 찾아 색칠하고 두 번째로 큰 수를 구하시오.

- 가장 작은 수는 6050입니다.
- 다음 수는 앞의 수보다 1050씩 커집니다.

6050	6100	6150	6200	6250
7050	7100	7150	7200	7250
8050	8100	8150	8200	8250
9050	9100	9150	9200	9250

(   )

Tip ③

수 배열표에서 [   ]을 먼저 찾고 [   ]씩 큰 수를 찾아 색칠합니다.

04

규칙적인 계산식을 완성하고, 규칙에 따라 계산 결과가 3456789가 되는 계산식을 쓰시오.

순서	계산식
첫째	$12+98-21=$ [ ]
둘째	$123+987-321=$ [ ]
셋째	$1234+9876-4321=$ [ ]
넷째	$12345+98765-54321=$ [ ]

식 _____

Tip ④

계산식의 세 수의 자리 수가 2자리, 3자리, 4자리, ...로 [   ]나며 연속된 수가 하나씩 오른쪽, 오른쪽, [   ]쪽에 추가되는 것을 알 수 있습니다.

답 **Tip** ① 긴, 짧은 ② 20, 80   답 **Tip** ③ 6050, 1050 ④ 늘어, 왼

[05 ~ 06] 재혁이네 학교 도서관에 있는 종류별 책의 수를 조사하여 나타낸 표와 막대그래프입니다. 물음에 답하시오.

종류별 책의 수

종류	소설책	시집	만화책	과학책	합계
책의 수(권)				80	500

종류별 책의 수

05 위의 표를 완성하시오.

Tip ⑤

막대그래프에서 소설책과 만화책의 수를 각각 알아 보고 표의 ☐ 에서 소설책, ☐ 책, 과학책 의 수를 빼어 시집의 수를 구합니다.

06 위의 막대그래프를 완성하시오.

Tip ⑥

막대그래프의 세로 눈금 한 칸은 ☐ 권을 나타내 므로 시집과 과학책의 수를 ☐ 으로 나누어 막대 를 몇 칸으로 그려야 하는지 알아봅니다.

[07 ~ 08] 도형의 배열을 보고 물음에 답하시오.

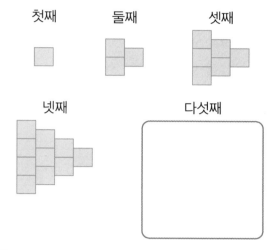

첫째 둘째 셋째 넷째 다섯째

07 도형의 배열에서 규칙을 찾아 쓰고 다섯째에 알맞은 모양을 그리시오.

규칙 _____

Tip ⑦

사각형의 수는 1개, 3개, 6개, 10개로 2개, ☐ 개, ☐ 개, …씩 더 늘어나고 있습니다.

08 여덟째에 알맞은 도형에서 사각형의 수를 구하시오.

(   )

Tip ⑧

사각형의 수가 첫째에 1개, 둘째에 (1+2)개, 셋째에 (1+2+☐)개, …이므로 ■째에는 (1+2+3+…+☐)개입니다.

답 Tip ⑤ 합계, 만화 ⑥ 20, 20

답 Tip ⑦ 3, 4 ⑧ 3, ■

2주

핵심 예제 ❶

막대그래프를 보고 조사한 전체 학생 수를 구하시오.

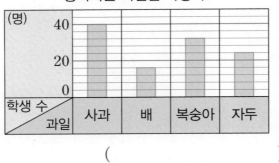

좋아하는 과일별 학생 수

(   )

전략

세로 눈금 한 칸의 크기를 구하여 각 항목별 학생 수를 알아보고 조사한 전체 학생 수를 구합니다.

풀이

 세로 눈금 5칸이 20명을 나타내므로 세로 눈금 한 칸은 20÷5=4(명)을 나타내요.

세로 눈금 한 칸은 4명을 나타내므로
사과: 40명, 배: 16명, 복숭아: 32명, 자두: 24명입니다.
⇨ (조사한 전체 학생 수)＝40＋16＋32＋24＝112(명)

답 112명

핵심 예제 ❷

학생 수가 가장 많은 반은 몇 반입니까?

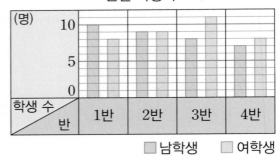

반별 학생 수

(   )

전략

각 반의 학생 수를 구한 다음 크기를 비교합니다.

풀이

 학생 수는 남학생 수와 여학생 수의 합이에요.

1반: 10＋8＝18(명), 2반: 9＋9＝18(명),
3반: 8＋11＝19(명), 4반: 7＋8＝15(명)
⇨ 19＞18＞15이므로 학생 수가 가장 많은 반은 3반입니다.

답 3반

1-1 막대그래프를 보고 조사한 전체 학생 수를 구하시오.

좋아하는 동물별 학생 수

(   )

2-1 학생 수가 가장 적은 반은 몇 반입니까?

반별 학생 수

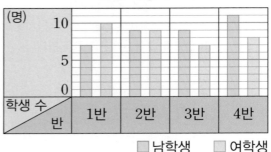

(   )

>> 정답과 풀이 **42쪽**

핵심 예제 ③

표를 보고 배우는 학생 수가 적은 악기부터 왼쪽에서 차례로 나타나도록 막대그래프로 나타내시오.

배우는 악기별 학생 수

악기	피아노	기타	플루트	바이올린	합계
학생 수 (명)	18	10	14	6	48

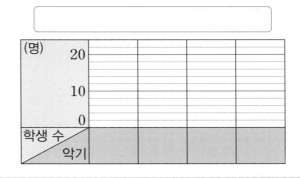

전략

배우는 학생 수가 적은 악기부터 차례로 알아보고, 막대그래프의 세로 눈금 한 칸의 크기가 얼마인지 알아본 다음 막대그래프를 완성합니다.

풀이

6<10<14<18이므로 배우는 학생 수가 적은 악기부터 차례로 쓰면 바이올린, 기타, 플루트, 피아노입니다.
막대그래프의 가로에 바이올린, 기타, 플루트, 피아노를 차례로 쓰고, 세로 눈금 한 칸이 2명을 나타내므로 각각 3칸, 5칸, 7칸, 9칸인 막대를 그립니다. 마지막에 제목을 씁니다.

답

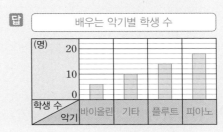

2주

3-1 표를 보고 안경을 쓴 학생 수가 적은 반부터 왼쪽에서 차례로 나타나도록 막대그래프로 나타내시오.

반별 안경을 쓴 학생 수

반	1반	2반	3반	4반	합계
학생 수 (명)	12	14	8	16	50

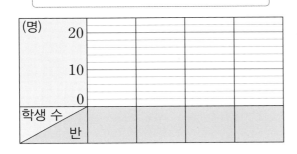

3-2 표를 보고 좋아하는 학생 수가 많은 운동부터 왼쪽에서 차례로 나타나도록 막대그래프로 나타내시오.

좋아하는 운동별 학생 수

운동	야구	축구	농구	배구	합계
학생 수 (명)	60	90	30	20	200

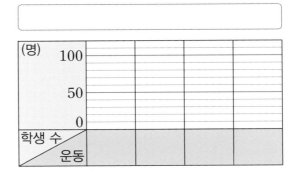

핵심 예제 ④

뺄셈을 이용한 수 배열표입니다. 규칙을 찾아 쓰고, 빈칸에 알맞은 수를 써넣으시오.

	185	186	187	188
34	1	2	3	4
35	0	1	2	3
36	9	0		2
37	8	9	0	1

규칙 _____

_____

전략

두 수의 차를 구한 다음 수 배열표의 수와 비교하여 규칙을 찾습니다.

풀이

$185-34=151$, $186-34=152$, $187-34=153$, $188-34=154$이므로 두 수의 뺄셈의 결과에서 일의 자리 숫자를 쓰는 규칙입니다.
$187-36=151$이므로 빈칸에 알맞은 수는 1입니다.

답 예 두 수의 뺄셈의 결과에서 일의 자리 숫자를 쓰는 규칙입니다., 1

4-1 뺄셈을 이용한 수 배열표입니다. 규칙을 찾아 쓰고, 빈칸에 알맞은 수를 써넣으시오.

	218	228	238	248
120	9	0	1	
130	8	9	0	1
140	7	8	9	0
150		7	8	9

규칙 _____

_____

핵심 예제 ⑤

공연장에 있는 의자 뒷면에는 좌석 번호가 붙어 있습니다. 미주의 자리는 F열 왼쪽에서 두 번째 자리입니다. 좌석 번호의 규칙을 찾아 미주의 좌석 번호는 몇 번인지 구하시오.

(   )

전략

한 열씩 뒤로 갈 때마다 좌석 번호는 몇씩 커지는지 알아보고 규칙을 찾습니다.

풀이

한 열씩 뒤로 갈 때마다 좌석 번호는 9씩 커집니다.
⇨ F열 왼쪽에서 두 번째 자리는
$2+9+9+9+9+9=47$(번)입니다.

답 47번

5-1 공연장에 있는 의자 뒷면에는 좌석 번호가 붙어 있습니다. 소민이의 자리는 E열 오른쪽에서 세 번째 자리입니다. 좌석 번호의 규칙을 찾아 소민이의 좌석 번호는 몇 번인지 구하시오.

무대

A열 1 2 3 4 5 6 7 8
B열 9 10 11 12 13 14 15 16
C열 17 18 19 20 21 22 23 24
⋮

(   )

핵심 예제 6

도형의 배열을 보고 다섯째에 알맞은 도형을 그리고, 이 도형에서 찾을 수 있는 빨간색 사각형은 모두 몇 개인지 구하시오.

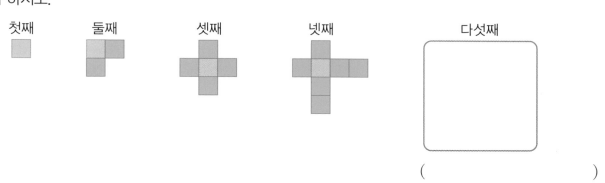

전략

파란색 사각형을 기준으로 빨간색 사각형이 어떤 규칙으로 변하는지 알아보고 다섯째에 알맞은 도형을 구합니다.

풀이

파란색 사각형을 기준으로 빨간색 사각형이 오른쪽과 아래쪽으로 각각 1개씩, 왼쪽과 위쪽으로 각각 1개씩 번갈아 가며 늘어납니다.
다섯째에 알맞은 도형은 넷째 도형에서 빨간색 사각형이 왼쪽과 위쪽으로 각각 1개씩 늘어난 도형이고, 찾을 수 있는 빨간색 사각형은 모두 8개입니다.

답 , 8개

2주

6-1 도형의 배열을 보고 다섯째에 알맞은 도형을 그리고, 이 도형에서 찾을 수 있는 빨간색 사각형은 모두 몇 개인지 구하시오.

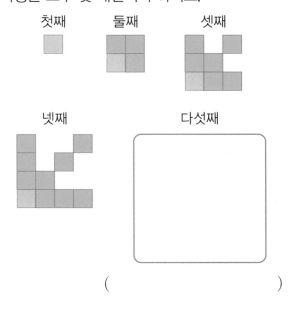

(   )

6-2 도형의 배열을 보고 다섯째에 알맞은 도형을 그리고, 이 도형에서 찾을 수 있는 빨간색 사각형은 모두 몇 개인지 구하시오.

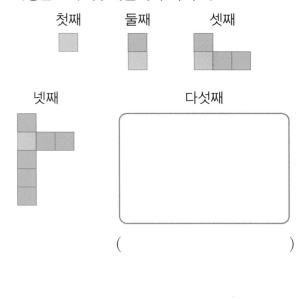

(   )

01 막대그래프를 보고 조사한 전체 학생 수를 구하시오.

좋아하는 해산물별 학생 수

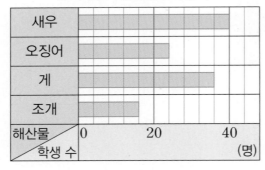

( )

Tip ①

가로 눈금 5칸이 ☐명을 나타냄을 이용하여 각 항목별 학생 수를 구한 다음 모두 ☐하여 조사한 전체 학생 수를 구합니다.

02 학생 수가 많은 반부터 차례로 쓰시오.

반별 학생 수

■ 남학생 □ 여학생

( )

Tip ②

반별로 ☐학생 수와 ☐학생 수를 더하여 구한 다음 크기를 비교합니다.

[03 ~ 04] 표를 보고 물음에 답하시오.

좋아하는 장난감별 학생 수

장난감	게임기	인형	로봇	퍼즐	합계
학생 수(명)	20	12	8	16	56

03 표를 보고 좋아하는 학생 수가 적은 장난감부터 왼쪽에서 차례로 나타나도록 막대그래프를 완성하시오.

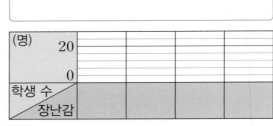

Tip ③

좋아하는 학생 수가 적은 장난감부터 차례로 쓰고, 세로 눈금 한 칸이 ☐명을 나타내므로 (학생 수÷☐)칸인 막대를 그립니다.

04 표를 보고 좋아하는 학생 수가 많은 장난감부터 위에서 차례로 나타나도록 막대그래프를 완성하시오.

로봇

장난감 ╱ 0   ☐   ☐   (명)
학생 수

Tip ④

학생 수가 ☐은 장난감부터 차례로 쓰고, 가로 눈금 한 칸의 크기를 구해 막대를 그립니다.

답 **Tip** ① 20, 더 ② 남, 여

답 **Tip** ③ 4, 4 ④ 많

05 곱셈을 이용한 수 배열표를 보고 규칙을 찾고, 빈칸에 알맞은 수를 써넣으시오.

	120	220	320	420
21	5	6	7	8
31	7	8		0
41	9	0	1	
51	1		3	4

규칙 _____

_____

Tip 5

$120 × 21$, $220 × 21$, $320 × 21$, $\boxed{} × 21$의 계산 결과와 5, 6, 7, $\boxed{}$을 비교하여 수 배열표의 규칙을 알아봅니다.

06 100번부터 시작하는 도서관 사물함의 일부입니다. 경민이의 사물함은 위에서 다섯 번째이고, 왼쪽에서 여섯 번째입니다. 경민이의 사물함 번호는 몇 번인지 구하시오.

^{0}100	^{0}110	^{0}120	^{0}130	^{0}140
^{0}170	^{0}180	^{0}190	^{0}	
^{0}240	^{0}250	^{0}260	^{0}	^{0}

⋮

(_____)

Tip 6

사물함 번호가 아래쪽으로 $\boxed{}$씩 커지고, 오른쪽으로 $\boxed{}$씩 커지는 규칙을 이용하여 경민이의 사물함 번호를 구합니다.

[07 ~ 08] **도형의 배열을 보고 물음에 답하시오.**

첫째   둘째   셋째   넷째

07 도형의 배열에서 규칙을 찾아 쓰시오.

규칙 _____

_____

Tip 7

도형의 배열에서 $\boxed{}$색 사각형을 중심으로 돌린 규칙과 늘어나는 $\boxed{}$색 사각형의 개수의 규칙을 알아봅니다.

08 여섯째에 알맞은 도형을 그리시오.

Tip 8

다섯째 도형은 넷째 도형을 $\boxed{}$ 방향으로 돌린 모양에 $\boxed{}$색 사각형이 1개 늘어난 모양임을 이용합니다.

답 Tip ⑤ 420, 8 ⑥ 70, 10

답 Tip ⑦ 파란, 빨간 ⑧ 시계, 빨간

2주

[01 ~ 02] 윤수네 학교 4학년 학생들이 좋아하는 꽃을 조사하여 나타낸 표입니다. 물음에 답하시오.

좋아하는 꽃별 학생 수

꽃	튤립	백합	장미	목련	합계
학생 수 (명)	24	36		16	120

01 표의 빈 곳에 알맞은 수를 써넣으시오.

02 표를 보고 막대그래프로 나타내시오.

좋아하는 꽃별 학생 수

03 막대그래프를 보고 가장 많은 학생들이 좋아하는 음식과 가장 적은 학생들이 좋아하는 음식의 학생 수의 차를 구하시오.

좋아하는 음식별 학생 수

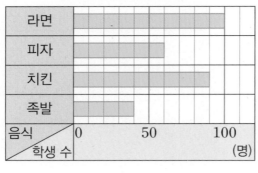

( )

[04 ~ 05] 승아네 모둠 학생들이 한 학기동안 읽은 책의 수를 조사하여 나타낸 표와 막대그래프입니다. 하준이는 승아보다 책을 10권 더 적게 읽었습니다. 물음에 답하시오.

학생별 읽은 책의 수

이름	승아	하준	이한	송희	합계
책의 수 (권)				14	

학생별 읽은 책의 수

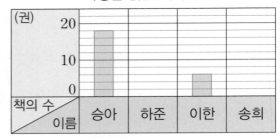

04 위의 표를 완성하시오.

05 위의 막대그래프를 완성하시오.

표와 막대그래프를 비교하여 완성할 수 있어요.

[06 ~ 07] 계산식을 보고 물음에 답하시오.

ⓐ
$$696-474=222$$
$$596-374=222$$
$$496-274=222$$
$$396-174=222$$

ⓑ
$$7000÷50=140$$
$$5600÷40=140$$
$$4200÷30=140$$
$$2800÷20=140$$

ⓒ
$$20×11=220$$
$$30×11=330$$
$$40×11=440$$
$$50×11=550$$

ⓓ
$$953-101=852$$
$$853-201=652$$
$$753-301=452$$
$$653-401=252$$

06 설명에 맞는 계산식을 찾아 기호를 쓰시오.

> 같은 자리의 수가 똑같이 작아지는
> 두 수의 차는 항상 일정합니다.

(   )

07 ⓒ에서 다음에 알맞은 계산식을 쓰시오.

식 _____

08 모형으로 만든 배열을 보고 다섯째에 알맞은
모형의 수를 구하시오.

첫째   둘째   셋째   넷째

(   )

09 계산기를 사용하여 규칙적인 계산식을 완성하고,
규칙에 따라 다섯째에 알맞은 계산식을 쓰시오.

순서	계산식
첫째	$66×66=$ _____
둘째	$666×666=$ _____
셋째	$6666×6666=$ _____
넷째	$66666×66666=$ _____

식 _____

10 도형의 배열에서 규칙을 찾아 다섯째에 알맞은
도형을 그리고, 사각형은 모두 몇 개인지 구하
시오.

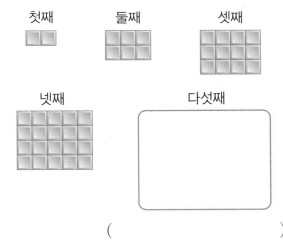

(   )

2주

01 민수네 반 학생 24명이 좋아하는 과목을 조사하여 나타낸 막대그래프입니다. 수학을 좋아하는 학생은 사회를 좋아하는 학생보다 5명 더 적습니다. 좋아하는 학생이 가장 많은 과목과 가장 적은 과목의 학생 수의 차는 몇 명입니까?

좋아하는 과목별 학생 수

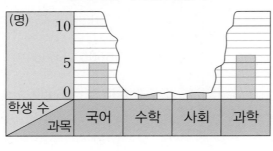

(   )

Tip ①

(수학을 좋아하는 학생 수)
= (사회를 좋아하는 학생 수) − ☐
이고, 전체 학생 수가 ☐명임을 이용하여 수학과 사회를 좋아하는 학생 수를 각각 구합니다.

02 시후네 학교 4학년 학생 100명이 좋아하는 TV 프로그램을 조사하여 나타낸 막대그래프입니다. 드라마를 좋아하는 학생은 몇 명입니까?

좋아하는 TV 프로그램별 학생 수

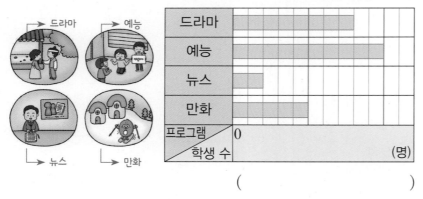

(   )

Tip ②

전체 학생 수인 ☐명을 모든 막대의 칸 수의 합으로 나누어 ☐ 눈금 한 칸의 크기를 알아봅니다.

🔑 **Tip** ① 5, 24 ② 100, 가로

03 2004년부터 하계 올림픽에서 우리나라가 획득한 메달 수를 조사하여 나타낸 막대그래프입니다. 획득한 메달의 수가 가장 많았던 올림픽의 개최지를 찾으려고 합니다. 물음에 답하시오.

하계 올림픽에서 우리나라가 획득한 메달 수

□ 금메달 ■ 은메달 ■ 동메달

(1) 세로 눈금 한 칸은 메달 몇 개를 나타냅니까?

(   )

(2) 개최지별로 메달의 수를 구해 표를 완성하시오.

하계 올림픽에서 우리나라가 획득한 메달 수

개최지	메달 수(개)		
	금	은	동
아테네			
베이징			
런던			
리우데자네이루			
도쿄			

(3) 획득한 메달의 수가 가장 많았던 올림픽의 개최지를 찾아 쓰시오.

(   )

Tip ③

세로 눈금 5칸의 크기가 ☐개임을 이용하여 세로 눈금 한 칸의 크기를 구하고 개최지별로 금메달, 은메달, 동메달의 수의 ☐을 구하여 비교합니다.

2주

답 Tip ③ 5, 합

04 엘리베이터 버튼의 수 배열을 보고 규칙적인 계산식을 찾았습니다. ☐ 안에 알맞은 수를 써넣으시오.

$$1+8+15=8\times\boxed{}$$
$$2+9+16=\boxed{}\times\boxed{}$$

$$25+20+15+10+5=15\times\boxed{}$$
$$24+19+14+9+4=\boxed{}\times\boxed{}$$

Tip ④

• 엘리베이터 버튼의 ☐ 방향의 세 수의 합과 가운데 수와의 관계를 알아봅니다.
• 엘리베이터 버튼의 ☐ 방향의 다섯 수의 합과 가운데 수와의 관계를 알아봅니다.

05 시어핀스키 삼각형은 세 변의 길이가 같은 삼각형의 각 변의 중심을 이어서 같은 크기의 삼각형 4개로 나누었을 때 그중 가운데 삼각형을 잘라 버리는 과정을 반복하여 만듭니다. 시어핀스키 삼각형의 배열을 보고 파란색 삼각형의 수의 규칙을 쓰고, 여섯째 도형에서 파란색 삼각형은 모두 몇 개인지 구하시오.

첫째   둘째   셋째   넷째

규칙 _____

(   )

Tip ⑤

파란색 삼각형의 수를 세어 보면 1개, 3개, ☐개, ☐개입니다.

답 **Tip** ④ ╱, ╲ ⑤ 9, 27

06 첫째 도형에서 코드를 한 번 실행할 때마다 나오는 다음 도형의 배열을 표시한 것입니다. 물음에 답하시오.

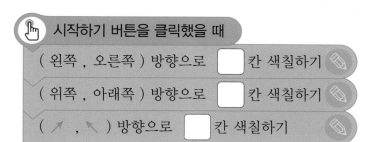

첫째   둘째   셋째

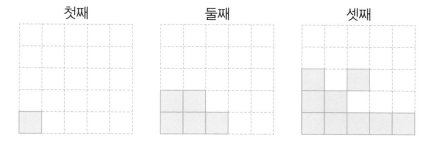

(1) 코드에서 알맞은 것에 ◯표 하고, ☐ 안에 알맞은 수를 써넣으시오.

(2) 코드를 한 번 더 실행했을 때 나오는 넷째 도형을 그리시오.

넷째

Tip ⑥

색칠된 칸을 보면 1칸에서 시작하여 오른쪽에 ☐칸씩 늘어나고, 위쪽에 ☐칸씩 늘어나고, ╱ 방향에 ☐칸씩 늘어납니다.

첫째, 둘째, 셋째 도형으로 변할 때 어느 방향으로 몇 칸이 더 색칠되는지 알아봐요.

답 **Tip** ⑥ 2, 1, 1

01 다음과 같은 방법 으로 사다리 타기를 하여 ☐ 안에 알맞은 수를 써넣으시오.

> **방법**
> 아래로 내려가다 가로선을 만나면 가로선을 지나가면서 계산을 합니다.

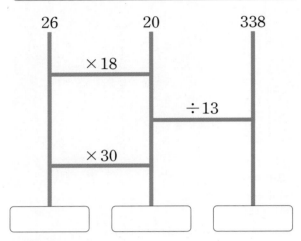

Tip ①

26에서 사다리 타기를 하면 ☐ 안에는 26에 ☐ 을 곱한 다음 ☐ 으로 나눈 몫을 써넣어야 합니다.

> 사다리를 타고 내려가면서 곱셈, 나눗셈을 해 보세요.

02 그림의 규칙에 따라 ㉠과 ㉡에 알맞은 수를 구하려고 합니다. 물음에 답하시오.

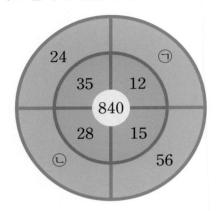

(1) ☐ 안에 알맞게 써넣어 규칙을 알아보시오.

840을 ☐ 색 칸에 쓰여 있는 수로 나눈 몫을 ☐ 색 칸에 쓰는 규칙입니다.

(2) ㉠과 ㉡에 알맞은 수를 구하시오.

㉠ (   )

㉡ (   )

Tip ②

• $840 \div 35 = \boxed{}$, $840 \div 15 = \boxed{}$입니다.

• $840 \div \boxed{} = ㉠$, $840 \div \boxed{} = ㉡$입니다.

답 **Tip** ① 18, 13

답 **Tip** ② 24, 56, 12, 28

03 나무 막대를 13도막으로 자르려고 합니다. 나무 막대를 한 번 자르는 데 28초가 걸린다면 13도막으로 자르는 데 몇 분 몇 초가 걸리는지 구하려고 합니다. 물음에 답하시오.

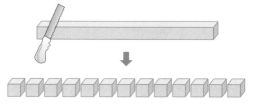

(1) 나무 막대를 몇 번 잘라야 합니까?

( )

(2) 13도막으로 자르는 데 몇 초가 걸립니까?

( )

(3) 13도막으로 자르는 데 몇 분 몇 초가 걸립니까?

( )

Tip ③
• (나무 막대를 자르는 횟수)
 =(자른 도막의 수)─☐
• (나무 막대를 자르는 데 걸리는 시간)
 =(한 번 자르는 데 걸리는 시간)×(자른 ☐)

04 5장의 수 카드 8 , 1 , 4 , 7 , 2 를 모두 한 번씩만 사용하여 만들 수 있는 (세 자리 수)×(두 자리 수)의 곱셈식 중에서 곱이 가장 큰 곱셈식을 만들고 계산 결과를 암호문에 맞게 알파벳으로 나타내시오.

암호문

| R^0 | C^1 | H^2 | S^3 | Y^4 |
| B^5 | T^6 | U^7 | E^8 | A^9 |

곱이 가장 큰 곱셈식:

☐☐☐ × ☐☐ = ☐☐☐☐

알파벳으로 나타내기: ☐

Tip ④
(세 자리 수)×(두 자리 수)의 곱이 가장 크게 되려면 두 자리 수의 ☐의 자리에 가장 ☐ 수를 써야 합니다.

05 윤수네 반 학생들이 심고 싶어 하는 작물을 조사하여 나타낸 막대그래프입니다. 작물 한 가지를 심는다면 어떤 작물을 심는 것이 가장 좋을지 쓰고, 그 이유를 설명하시오.

심고 싶어 하는 작물별 학생 수

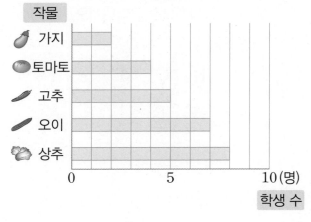

(   )

이유 _____

_____

_____

Tip ⑤

• 막대의 길이가 [   ]수록 많은 학생들이 심고 싶어 하는 작물입니다.
• 가장 [   ]학생들이 심고 싶어 하는 작물을 심는 것이 좋을 것 같습니다.

06 재희네 모둠 학생들이 양궁 시합을 했습니다. 점수가 가장 좋은 학생은 누구입니까?

학생별 양궁 점수

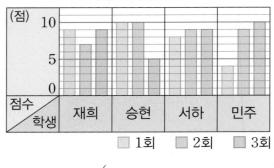

(   )

Tip ⑥

학생별로 1회, 2회, [   ]회의 점수의 [   ]을 구하여 크기를 비교합니다.

07 다음과 같이 삼각형 모양을 이루는 점의 수를 삼각수라고 합니다. 물음에 답하시오.

첫째　　둘째　　　셋째　　　　　넷째

(1) 점의 수에서 규칙을 찾아 쓰시오.

규칙 _____

_____

(2) 다섯째에 알맞은 삼각형 모양에서 점은 모두 몇 개입니까?

(　　　　　　　　　)

Tip ⑦

점의 수가 1개, 3개, ▢개, ▢개, ...로 변하고 있으므로 그 수에서 규칙을 찾아봅니다.

늘어나는 점의 수에서 규칙을 찾아보세요.

08 파스칼의 삼각형을 보고 물음에 답하시오.

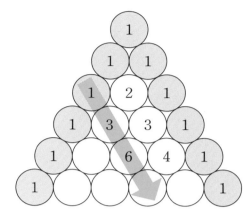

(1) 규칙을 찾아 빈 곳에 알맞은 수를 써넣으시오.

(2) ↘ 로 표시한 수의 규칙을 찾아 ▢ 안에 알맞은 수를 써넣으시오.

1부터 시작하여 ↘ 방향으로

▢, ▢, ▢씩 더 커집니다.

Tip ⑧

2는 바로 위의 두 수 ▢과 ▢의 합임을 이용하여 규칙을 알아봅니다.

답 Tip ⑦ 6, 10

답 Tip ⑧ 1, 1

01 ㉠과 ㉡에 알맞은 수의 차를 구하시오.

$$140 \times ㉠ = 7000$$
$$20 \times ㉡ = 14000$$

(   )

02 두 사람이 줄넘기를 한 횟수는 모두 몇 번인지 구하시오.

나는 6월 한 달 동안 매일 200번씩 줄넘기를 했어.

나는 7월 한 달 동안 매일 180번씩 줄넘기를 했어.

(   )

03 길이가 3 m 27 cm인 철사가 있습니다. 철사를 52 cm씩 잘라서 학생들에게 나누어 주려고 합니다. 몇 명까지 나누어 줄 수 있고 몇 cm가 남는지 식을 쓰고, 답을 구하시오.

식 _____

답 _____ , _____

04 나머지가 가장 작은 식부터 차례로 기호를 쓰시오.

㉠ 680÷31   ㉡ 294÷12
㉢ 507÷28   ㉣ 838÷46

(   )

05 ㉮, ㉯, ㉰의 크기를 비교하여 가장 작은 수의 기호를 쓰시오.

> ㉮÷51=3…30
> ㉯÷29=6…4
> ㉰÷44=7…21

(   )

06 웅빈이네 학교 학생들이 한 줄에 15명씩 줄을 서면 53줄이 되고 3명이 남습니다. 이 학생들이 한 줄에 14명씩 줄을 선다면 줄은 몇 줄이 됩니까?

(   )

07 어떤 수에 41을 곱해야 할 것을 잘못하여 뺐더니 592가 되었습니다. 바르게 계산한 값과 잘못 계산한 값의 합을 구하려고 합니다. 물음에 답하시오.

(1) 어떤 수를 구하시오.

(   )

(2) 바르게 계산한 값을 구하시오.

(   )

(3) 바르게 계산한 값과 잘못 계산한 값의 합을 구하시오.

(   )

잘못 계산한 식을 세워 어떤 수를 구해 봐요.

08 사과를 트럭 한 대에 67상자씩 실어 운반하면 8번 운반하고 10상자가 남습니다. 이 사과를 트럭 한 대에 30상자씩 실어 모두 운반하려면 적어도 몇 번 운반해야 합니까?

(   )

10 나눗셈에서 □ 안에 알맞은 수를 써넣으시오.

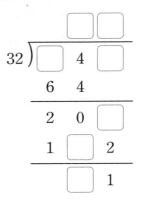

09 수 카드를 한 번씩 사용하여 만들 수 있는 수 중 두 번째로 큰 세 자리 수와 두 번째로 작은 두 자리 수의 곱은 얼마입니까?

| 4 | 8 | 2 | 6 | 3 | 0 | 1 |

(   )

11 어떤 수에 53을 곱해야 할 것을 잘못하여 35로 나누었더니 몫이 19이고, 나머지가 11이었습니다. 바르게 계산한 값을 구하시오.

(   )

12 서로 다른 두 수가 있습니다. 두 수의 차는 346이고, 큰 수를 작은 수로 나누었을 때의 몫은 8이고, 나머지는 24입니다. 두 수를 구하시오.

(   ), (   )

13 200보다 크고 700보다 작은 수 중에서 25로 나누었을 때 몫과 나머지가 같은 수는 모두 몇 개입니까?

(   )

14 수지는 5월 한 달 동안 매일 동전을 모았습니다. 5월 한 달 동안 모은 동전이 9580원이라면 수지는 며칠부터 340원씩 모았는지 구하시오.

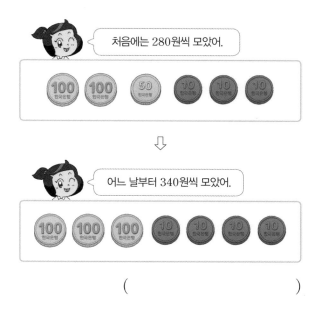

(   )

5월 한 달 동안 매일 340원씩 모았을 때의 금액과 비교해 답을 구해요.

01 미주네 학교 4학년 학생들이 좋아하는 과일을 조사하여 나타낸 막대그래프입니다. 좋아하는 학생 수가 가장 많은 과일과 가장 적은 과일의 학생 수의 차를 구하시오.

좋아하는 과일별 학생 수

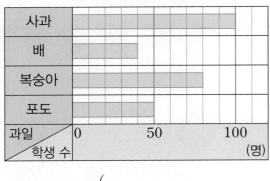

(   )

02 선규네 마을 학생들의 혈액형을 조사하여 나타낸 막대그래프입니다. 조사한 전체 학생 수는 모두 몇 명입니까?

혈액형별 학생 수

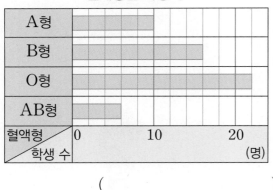

(   )

03 마을별 사람 수를 조사하여 나타낸 막대그래프입니다. 다 마을 사람 수는 나 마을 사람 수의 4배보다 20명 더 많습니다. 막대그래프를 완성하시오.

마을별 사람 수

04 재상이네 학교 학생들이 체험 학습으로 간 장소를 조사하여 나타낸 표와 막대그래프입니다. 표와 막대그래프를 완성하시오.

체험 학습 장소별 학생 수

장소	박물관	미술관	국립공원	수족관	합계
학생 수 (명)		80			240

체험 학습 장소별 학생 수

05 모임별 남학생 수와 여학생 수를 나타낸 막대 그래프입니다. 학생 수가 적은 모임부터 차례로 쓰려고 합니다. 물음에 답하시오.

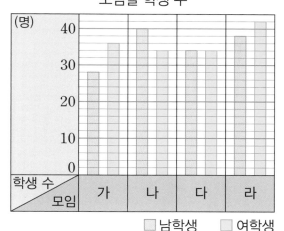

모임별 학생 수

(1) 모임별 학생 수를 구하시오.

가 모임 (   )

나 모임 (   )

다 모임 (   )

라 모임 (   )

(2) 학생 수가 적은 모임부터 차례로 쓰시오.

(   )

모임별로
(남학생 수)＋(여학생 수)를
구해서 크기를
비교해요.

06 마을별 나무 수를 조사하여 나타낸 표입니다. 표를 보고 물음에 답하시오.

마을별 나무 수

마을	가	나	다	라	합계
나무 수(그루)	12	10	16	8	46

(1) 표를 보고 나무 수가 적은 마을부터 왼쪽에서 차례로 나타나도록 막대그래프를 완성하시오.

(2) 표를 보고 나무 수가 많은 마을부터 위에서 차례로 나타나도록 막대그래프를 완성하시오.

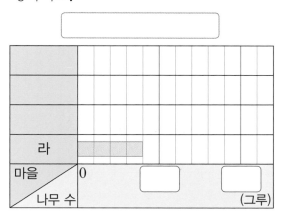

07 다음과 같은 표적을 30번 맞혀서 각각의 점수가 나온 횟수를 조사하여 나타낸 막대그래프입니다. 점수의 합이 90점일 때, 2점에 맞힌 횟수는 몇 번인지 구하려고 합니다. 물음에 답하시오.

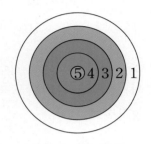

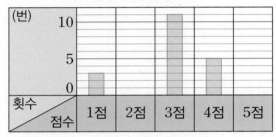

점수가 나온 횟수

(1) 2점과 5점에 맞힌 횟수는 모두 몇 번입니까?

( )

(2) 2점과 5점에 맞혀서 얻은 점수는 모두 몇 점입니까?

( )

(3) 2점에 맞힌 횟수는 몇 번입니까?

( )

08 규칙적인 계산식을 완성하고, 규칙에 따라 계산 결과가 7722가 되는 계산식을 쓰시오.

순서	계산식
첫째	99 × 12 = [ ]
둘째	99 × 23 = [ ]
셋째	99 × 34 = [ ]
넷째	99 × 45 = [ ]

식 _____

09 나눗셈을 이용한 수 배열표를 보고 규칙을 찾고, 빈칸에 알맞은 수를 써넣으시오.

	128	129	130	131
10	8	9	0	1
11	7		9	10
12	8	9	10	
13	11	12		1

규칙 _____

_____

10 수 배열표에서 조건을 만족하는 규칙적인 수의 배열을 찾아 색칠하고, 색칠한 수 중 두 번째로 작은 수를 구하시오.

> • 가장 큰 수는 7911입니다.
> • 다음 수는 앞의 수보다 2200씩 작아집니다.

1111	1311	1511	1711	1911
3111	3311	3511	3711	3911
5111	5311	5511	5711	5911
7111	7311	7511	7711	7911
9111	9311	9511	9711	9911

(   )

11 바둑돌의 배열을 보고 물음에 답하시오.

첫째   둘째   셋째   넷째

(1) 바둑돌의 배열에서 규칙을 찾아 쓰시오.

규칙 _____

_____

(2) 일곱째에 알맞은 모양을 그리시오.

일곱째

12 도형의 배열을 보고 보라색 모양이 49개 놓인 도형에는 주황색 모양이 몇 개 놓이겠는지 구하려고 합니다. 물음에 답하시오.

첫째   둘째

셋째   넷째

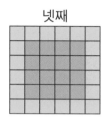

(1) 보라색 모양이 49개 놓인 도형은 몇째 도형입니까?

(   )

(2) 보라색 모양이 49개 놓인 도형은 주황색 모양이 몇 개 놓입니까?

(   )

정답과 풀이

BOOK1

일등 전략 4-1

정답과 풀이

개념 돌파 전략 1	확인 문제	8~11쪽

01 100, 9900 02 6
03 100000, 1000000, 10000000
04 백구십칠만 이백삼십팔
05 8014300000 06 1000배
07 450000, 470000, 490000, 510000, 530000
08 720000, 72000000, 7200000000
09 (1) > (2) < (3) > (4) <
10 ⑤   11 974210

01 • 10000은 100이 100개인 수입니다.
  • 10000은 9900보다 100만큼 더 큰 수입니다.

02

백만의 자리	십만의 자리	만의 자리	천의 자리	백의 자리	십의 자리	일의 자리
5	0	6	2	4	0	5

03 수를 10배 하면 끝자리에 0이 1개씩 늘어납니다.
  10000(만)의 10배: 100000(십만)
  100000(십만)의 10배: 1000000(백만)
  1000000(백만)의 10배: 10000000(천만)

04

1	9	7	0	2	3	8
백만	십만	만	천	백	십	일

  1970238 ⇨ 백구십칠만 이백삼십팔

05

팔십억	천사백삼십만	
80	1430	0000

  팔십억 천사백삼십만 ⇨ 80 1430 0000

06 ㉠: 천만의 자리 ⇨ 50000000
  ㉡: 만의 자리 ⇨ 50000
  5000은 5의 1000배이므로 ㉠이 나타내는 값은 ㉡이 나타내는 값의 1000배입니다.

07 2만씩 뛰어 세면 만의 자리 수가 2씩 커집니다.
  ⇨ 430000－450000－470000
    －490000－510000－530000

08 100배씩 뛰어 세면 끝자리에 0이 2개씩 늘어납니다.

09 (1) 52 7460 > 6 3548
     6자리 수 5자리 수

  (2) 12억 350만 < 12조 350만
      10자리 수   14자리 수

  (3) 1094 7835 > 1094 7586
          └─ 8>5 ─┘

  (4) 2504조 3000 < 2504조 3억
       천의 자리   억의 자리

10 8 0 9 □ 2 4 5 6 3 0 0 4 ⇨ 12자리 수
  8 0 9 5 1 6 9 7 2 0 0 0 ⇨ 12자리 수
  두 수의 자리 수가 같으므로 가장 높은 자리 수부터 차례로 비교해 보면 □2<51이어야 하므로 □ 안에는 5보다 작은 수가 들어갈 수 있습니다.
  따라서 1부터 9까지의 수 중에서 □ 안에 들어갈 수 있는 수는 1, 2, 3, 4입니다.

11 9>7>4>2>1>0이므로 가장 높은 자리부터 큰 수를 차례로 놓으면 만들 수 있는 가장 큰 수는 974210입니다.

개념 돌파 전략 ❷ 12~13쪽

01 ㉢   02 ㉠

03 1억 (또는 100000000), 10000

04 (1) 510139, 810139, 1110139
   (2) 34억 3만, 38억 3만, 42억 3만

05 ㉠

06 987631, 구십팔만 칠천육백삼십일

---

01 ㉠, ㉡, ㉣ 1조
   ㉢ 1000억
   따라서 나타내는 수가 다른 하나는 ㉢입니다.

02 세 수의 천만의 자리 숫자를 각각 알아봅니다.
   ㉠ 57**6**354 1000 ⇨ 6
   ㉡ 4260**3**851 7960 ⇨ 3
   ㉢ 127**5**403 6458 ⇨ 5
   따라서 천만의 자리 숫자가 가장 큰 수는 ㉠입니다.

03 • 100만의 10배는 1000만이고, 1000만의
   10배는 1억이므로 100만의 100배는 1억입니다. ⇨ ㉠=1억
   • 1조(1 0000 0000 0000)는 1 0000 0000(1억)
   보다 0이 4개 많으므로 1억의 10000배입니다. ⇨ ㉡=10000

04 (1) 30만씩 뛰어 세면 십만의 자리 수가 3씩 커집니다.
   ⇨ 210139─510139─810139─1110139
   　　　　　 +3　　　 +3　　　 +3
   (2) 4억씩 뛰어 세면 억의 자리 수가 4씩 커집니다.
   ⇨ 30억 3만─34억 3만─38억 3만─42억 3만
   　　　　 +4　　　 +4　　　 +4

05 ㉠ 198 5483 2748 2975 ⇨ 15자리 수
   ㉡ 164 5385 9873 4680 ⇨ 15자리 수
   ㉢ 19 8560 3456 2850 ⇨ 14자리 수
   세 수의 자리 수를 비교하면 ㉠과 ㉡이 ㉢보다 큽니다.
   ㉠과 ㉡은 자리 수가 같으므로 가장 높은 자리의 수부터 차례로 비교하면 십조의 자리 수가 9>6으로 ㉠이 ㉡보다 더 큽니다.
   따라서 가장 큰 수는 ㉠입니다.

06 9>8>7>6>3>1이므로 가장 높은 자리부터 큰 수를 차례로 놓으면 987631입니다.
   98 7631 ⇨ 98만 7631
   　　　 ⇨ 구십팔만 칠천육백삼십일

1주 2일

필수 체크 전략 ❶ 14~17쪽

1-1 3	1-2 1
2-1 10개	2-2 11개
3-1 ㉡	3-2 ㉠
4-1 3000배	4-2 30000배
5-1 93000원	
6-1 2억 9000만	6-2 9600억
7-1 206789	7-2 3045678
8-1 66137948	

1-1

4	3	5	2	1	8	7	9	5	0	7	6
				억				만			일

⇨ 천억의 자리 숫자는 4, 천만의 자리 숫자는 1이므로 차는 4─1=3입니다.

1-2

6	7	0	2	8	3	7	9	1	1	8	4	5	2
조				억				만				일	

⇨ 조의 자리 숫자는 7, 십억의 자리 숫자는 8
이므로 차는 8−7=1입니다.

2-1

이백삼십팔조	천오백억		
238	1500	0000	0000

⇨ 0은 모두 10개입니다.

2-2

천사조	팔백일억		사십
1004	0801	0000	0040

⇨ 0은 모두 11개입니다.

3-1 ㉠ 조가 1978개이면 1978조, 일이 8282개이면
8282이므로 1978조 8282입니다.
ㄴ 천구백칠십팔조 팔천오만 이십구
⇨ 1978조 8005만 29
1978조 8282＜1978조 8005만 29이므로 더
큰 수는 ㄴ입니다.

3-2 ㉠ 이십조 사천구백만 오천삼백오십오
⇨ 20조 4900만 5355
ㄴ 2500억의 10배 ⇨ 2조 5000억
20조 4900만 5355＞2조 5000억이므로 더
큰 수는 ㉠입니다.

4-1

1	1	0	2	5	3	4	6	4	5	2	7	8
조				억				만				일

㉠: 십만의 자리 ⇨ 600000
ㄴ: 백의 자리 ⇨ 200
6000÷2=3000이므로 ㉠이 나타내는 값은
ㄴ이 나타내는 값의 3000배입니다.

4-2

6	1	9	8	2	9	3	5	4	7	1	0	0
조				억				만				일

㉠: 백억의 자리 ⇨ 90000000000
ㄴ: 백만의 자리 ⇨ 3000000
90000÷3=30000이므로 ㉠이 나타내는 값은
ㄴ이 나타내는 값의 30000배입니다.

5-1 준호: 10000이 3개 → 30000,
1000이 8개 → 8000
⇨ 30000+8000=38000(원)
선미: 10000이 4개 → 40000,
1000이 15개 → 15000
⇨ 40000+15000=55000(원)
따라서 두 사람의 저금통에 들어 있는 돈은 모두
38000+55000=93000(원)입니다.

6-1 수직선에서 2억 5000만과 3억 1000만 사이가
똑같이 6칸으로 나누어져 있으므로 눈금 한
칸은 6000만÷6=1000만을 나타냅니다.
㉠은 2억 5000만에서 눈금 4칸을 더 간 곳을
가리키므로 2억 5000만에서 1000만씩 4번
뛰어 세면 2억 9000만입니다.

6-2 수직선에서 9000억과 1조 사이가 똑같이 10칸
으로 나누어져 있으므로 눈금 한 칸은
1000억÷10=100억을 나타냅니다.
㉠은 9000억에서 눈금 6칸을 더 간 곳을 가리
키므로 9000억에서 100억씩 6번 뛰어 세면
9600억입니다.

7-1 6자리 수는 □□□□□□이고,
0＜2＜6＜7＜8＜9입니다.
0을 두 번째로 높은 자리에 쓰고 나머지 자리에
가장 높은 자리부터 작은 수를 차례로 쓰면
[2][0][6][7][8][9]입니다.

7-2 7자리 수는 □□□□□□□이고,
$0<3<4<5<6<7<8$입니다.
0을 두 번째로 높은 자리에 쓰고 나머지 자리에
가장 높은 자리부터 작은 수를 차례로 쓰면
$\boxed{3}\boxed{0}\boxed{4}\boxed{5}\boxed{6}\boxed{7}\boxed{8}$입니다.

8-1 천만의 자리 숫자를 ㉠, 만의 자리 숫자를 ㉡
이라고 하면 종이에 적힌 수는 ㉠61㉡7948입
니다.
각 자리 숫자의 합이 44이므로
㉠+6+1+㉡+7+9+4+8=44,
㉠+㉡+35=44, ㉠+㉡=9입니다.
천만의 자리 숫자가 만의 자리 숫자의 2배이
므로 ㉠은 ㉡의 2배입니다.
㉠과 ㉡의 합이 9이고 ㉠이 ㉡의 2배가 되는
경우를 찾습니다.

㉠	1	2	3	4	5	6	7	8
㉡	8	7	6	5	4	3	2	1

따라서 ㉠=6, ㉡=3이므로 종이에 적힌 수는
66137948입니다.

필수 체크 전략 2   `18~19쪽`

01 19	02 3개
03 ㉡	04 4000000000배
05 104000원	06 6조 8500억
07 9865420, 2045689	
08 20845623	

01

8	1	5	3	0	6	7	9	8	7	4	6	3	6	2
			조				억				만			일

㉠: 조의 자리 숫자 → 5
㉡: 십억의 자리 숫자 → 6
㉢: 백만의 자리 숫자 → 8
⇨ ㉠+㉡+㉢=5+6+8=19

02

천백십일조		육백사십오만	팔천구십
1111	0000	0645	8090

⇨ 0은 7개, 1은 4개이므로 0은 1보다
$7-4=3$(개) 더 많습니다.

03 ㉠ 조가 5000개이면 5000조, 억이 900개이면
900억이므로 5000조 900억입니다.
㉡ 4825조에서 100조씩 2번 뛰어 세면
4825조-4925조-5025조입니다.
⇨ 5000조 900억<5025조이므로 더 큰 수는
㉡입니다.

04

9	1	8	5	7	3	4	5	5	6	4	2	0	6	5	1
			조				억				만				일

㉠: 십조의 자리 ⇨ 80000000000000
㉡: 만의 자리 ⇨ 20000
$8000000000÷2=4000000000$이므로 ㉠이
나타내는 값은 ㉡이 나타내는 값의
4000000000배입니다.

05 은혁: 10000이 4개 → 40000,
1000이 7개 → 7000
⇨ 40000+7000=47000(원)
윤서: 10000이 3개 → 30000,
1000이 27개 → 27000
⇨ 30000+27000=57000(원)
따라서 두 사람의 저금통에 들어 있는 돈은 모
두 47000+57000=104000(원)입니다.

06 수직선에서 6조 7000억과 7조 500억 사이가 똑같이 7칸으로 나누어져 있으므로 눈금 한 칸은 3500억÷7=500억을 나타냅니다.
ㄱ은 6조 7000억에서 눈금 3칸을 더 간 곳을 가리키므로 6조 7000억에서 500억씩 3번 뛰어 세면 6조 8500억입니다.

07 7자리 수는 ☐☐☐☐☐☐☐이고,
0<2<4<5<6<8<9입니다.
가장 큰 수를 만들려면 가장 높은 자리부터 큰 수를 차례로 써야 하므로 ⑨⑧⑥⑤④②⓪입니다.
가장 작은 수를 만들려면 0을 두 번째로 높은 자리에 쓰고 나머지 자리에 가장 높은 자리부터 작은 수를 차례로 써야 하므로
②⓪④⑤⑥⑧⑨입니다.

08 천의 자리 숫자가 5이므로 십만의 자리 숫자는 5+3=8입니다.
천만의 자리 숫자를 ㉠, 백의 자리 숫자를 ㉡이라고 하면 종이에 적힌 수는 ㉠0845㉡23입니다.
각 자리 숫자의 합이 30이므로
㉠+0+8+4+5+㉡+2+3=30,
㉠+㉡+22=30, ㉠+㉡=8입니다.
백의 자리 숫자가 천만의 자리 숫자의 3배이므로 ㉡은 ㉠의 3배입니다.
㉠과 ㉡의 합이 8이고 ㉡이 ㉠의 3배가 되는 경우를 찾습니다.

㉠	1	2	3	4	5	6	7
㉡	7	6	5	4	3	2	1

따라서 ㉠=2, ㉡=6이므로 종이에 적힌 수는 20845623입니다.

1주 3일

필수 체크 전략 1   20~23쪽

1-1 4000000	**1-2** 3000300000
2-1 43300000	
3-1 ㉡	**3-2** ㉢
4-1 2개	**4-2** 4개
5-1 45장	**5-2** 67장
6-1 555만	**6-2** 7280만
7-1 87873322	**7-2** 9946655411
8-1 ㉠	

1-1 ㉠ 4258|6509
└ 백만의 자리 숫자, 2000000
㉡ 891|3240|3576
└ 백만의 자리 숫자, 2000000
따라서 ㉠과 ㉡에서 숫자 2가 나타내는 값의 합은 2000000+2000000=4000000입니다.

1-2 ㉠ 7239|5528
└ 십만의 자리 숫자, 300000
㉡ 30|5467|1580
└ 십억의 자리 숫자, 3000000000
따라서 ㉠과 ㉡에서 숫자 3이 나타내는 값의 합은 300000+3000000000=3000300000입니다.

2-1 49300000에서 3번 뛰어 센 수는 58300000으로 49300000보다 9000000만큼 더 큰 수입니다.
9000000÷3=3000000씩 뛰어 세는 규칙이므로 ♥에 알맞은 수는 49300000에서 3000000씩 거꾸로 2번 뛰어 센 수입니다.
⇨ 49300000-46300000-43300000

3-1 ㉠ 2900조 6500만

㉡ 이천구백일조 육천만 ⇨ 2901조 6000만

㉢ 2900:0650:0000:0000 ⇨ 2900조 650억

⇨ ㉡ 2901조 6000만 > ㉢ 2900조 650억

> ㉠ 2900조 6500만

따라서 가장 큰 수는 ㉡ 이천구백일조 육천만입니다.

3-2 ㉠ 70:2061:9000:0000

⇨ 70조 2061억 9000만

㉡ 70조 260억 900만

㉢ 칠십조 이백육십억 구만 구천

⇨ 70조 260억 9만 9000

⇨ ㉢ 70조 260억 9만 9000

< ㉡ 70조 260억 900만

< ㉠ 70조 2061억 9000만

따라서 가장 작은 수는 ㉢ 칠십조 이백육십억 구만 구천입니다.

4-1

5	3	6	8	7	0	5	4	9
5	3	6	□	7	2	6	4	3

두 수의 자리 수가 같고, □가 있는 자리를 기준으로 높은 자리의 수가 모두 같으므로 □가 있는 자리보다 낮은 자리를 살펴봅니다.

870<□72이어야 하므로 □ 안에 들어갈 수 있는 수는 8, 9로 모두 2개입니다.

4-2

9	8	7	4	5	6	4	3	1	5	0	5	1	3
9	8	7	4	□	6	2	3	5	3	4	9	0	0

두 수의 자리 수가 같고, □가 있는 자리를 기준으로 높은 자리의 수가 모두 같으므로 □가 있는 자리보다 낮은 자리를 살펴봅니다.

564<□62이어야 하므로 □ 안에 들어갈 수 있는 수는 6, 7, 8, 9로 모두 4개입니다.

5-1 수표의 수가 가장 적게 바꾸려면 100만 원짜리 수표로 최대한 많이 바꿔야 합니다.

3690:0000은 100만이 36개, 10만이 9개인 수이므로 100만 원짜리 수표 36장, 10만 원짜리 수표 9장으로 바꿀 수 있습니다.

따라서 수표의 수가 가장 적게 바꾸면 수표는 모두 36+9=45(장)입니다.

5-2 수표의 수가 가장 적게 바꾸려면 1000만 원짜리 수표로 최대한 많이 바꿔야 합니다.

6:2500:0000은 1000만이 62개, 100만이 5개인 수이므로 1000만 원짜리 수표 62장, 100만 원짜리 수표 5장으로 바꿀 수 있습니다.

따라서 수표의 수가 가장 적게 바꾸면 수표는 모두 62+5=67(장)입니다.

6-1 100만씩 3번 뛰어 센 수가 825만이므로 어떤 수는 825만에서 100만씩 작아지도록 3번 뛰어 센 수입니다.

825만-725만-625만-525만이므로 어떤 수는 525만입니다.

따라서 바르게 뛰어 세기 한 수는 525만에서 10만씩 3번 뛰어 센 수이므로

525만-535만-545만-555만입니다.

6-2 10만씩 2번 뛰어 센 수가 5300만이므로 어떤 수는 5300만에서 10만씩 작아지도록 2번 뛰어 센 수입니다.

5300만-5290만-5280만이므로 어떤 수는 5280만입니다.

따라서 바르게 뛰어 세기 한 수는 5280만에서 1000만씩 2번 뛰어 센 수이므로

5280만-6280만-7280만입니다.

7-1 8자리 수에서 백만의 자리에 7을 쓰면
□7□□□□□□입니다.
가장 큰 수를 만들려면 가장 높은 자리부터 큰 수를 차례로 써야 하므로 남은 2, 2, 3, 3, 7, 8, 8을 큰 수부터 차례로 채우면
8 7 8 7 3 3 2 2 입니다.

7-2 10자리 수에서 천만의 자리에 4를 쓰면
□□4□□□□□□□입니다.
가장 큰 수를 만들려면 가장 높은 자리부터 큰 수를 차례로 써야 하므로 남은 1, 1, 4, 5, 5, 6, 6, 9, 9를 큰 수부터 차례로 채우면
9 9 4 6 6 5 5 4 1 1 입니다.

8-1 먼저 자리 수를 비교하면 ㉠과 ㉡ 모두 8자리로 같습니다.
□ 안에 0을 넣었을 때의 크기를 비교합니다.
㉠ 2 7 0 8 7 3 9 1
㉡ 2 7 0 7 6 0 5 0   ➡ ㉠>㉡
따라서 □ 안에 0부터 9까지의 어느 숫자를 넣어도 ㉠이 더 큽니다.

필수 체크 전략 2   24~25쪽

01 80800000
02 25570000
03 ㉠, ㉢, ㉡
04 6개
05 66장
06 7억 4900만
07 766733221100
08 ㉡

01 ㉠과 ㉡에서 숫자 8이 나타내는 값을 각각 알아봅니다.
㉠ 4613897995213
└ 천만의 자리 숫자, 80000000
㉡ 34567100864250
└ 십만의 자리 숫자, 800000
따라서 ㉠과 ㉡에서 숫자 8이 나타내는 값의 합은 80000000＋800000＝80800000입니다.

02 27070000에서 2번 뛰어 센 수는 28070000으로 27070000보다 1000000만큼 더 큰 수입니다.
따라서 1000000÷2＝500000씩 뛰어 세는 규칙이므로 ♥에 알맞은 수는 27070000에서 500000씩 거꾸로 3번 뛰어 센 수입니다.
➡ 27070000－26570000－26070000
－25570000

03 ㉠ 613894000000000 → 61조 3894억
㉡ 6조 9500만 1004
㉢ 육조 사천이백구십억 팔천칠백오십
→ 6조 4290억 8750
➡ ㉠ 61조 3894억 ＞ ㉢ 6조 4290억 8750
＞ ㉡ 6조 9500만 1004

04

| 5 | 6 | 5 | 3 | 4 | 1 | 6 | 5 | 4 | 0 | 3 | 3 | 7 |
| 5 | 6 | 5 | □ | 4 | 0 | 8 | 9 | 6 | 3 | 1 | 0 | 0 |

두 수의 자리 수가 같고, □가 있는 자리를 기준으로 높은 자리의 수가 모두 같으므로 □가 있는 자리보다 낮은 자리를 살펴봅니다.
341<□40이어야 하므로 □ 안에 들어갈 수 있는 수는 4, 5, 6, 7, 8, 9로 모두 6개입니다.

05 수표의 수가 가장 적게 바꾸려면 금액이 큰 1000만 원짜리 수표로 최대한 많이 바꿔야 합니다.
1│2540│0000은 1000만이 12개, 10만이 54개인 수이므로 1000만 원짜리 수표 12장, 10만 원짜리 수표 54장으로 바꿀 수 있습니다.
따라서 수표의 수가 가장 적게 바꾸면 수표는 모두 12+54=66(장)입니다.

06 100만씩 2번 뛰어 센 수가 7억 3100만이므로 어떤 수는 7억 3100만에서 100만씩 작아지도록 2번 뛰어 센 수입니다.
7억 3100만─7억 3000만─7억 2900만이므로 어떤 수는 7억 2900만입니다.
따라서 바르게 뛰어 세기 한 수는 7억 2900만에서 1000만씩 2번 뛰어 센 수이므로
7억 2900만─7억 3900만─7억 4900만입니다.

07 12자리 수에서 억의 자리에 7을 쓰면
□□□□7□□□□□□□입니다.
가장 큰 수를 만들려면 가장 높은 자리부터 큰 수를 차례로 써야 하므로 남은 7, 3, 3, 2, 2, 1, 1, 6, 6, 0, 0을 큰 수부터 차례로 채우면
766733221100입니다.

08 먼저 자리 수를 비교하면 ㉠과 ㉡ 모두 10자리로 같습니다.
□ 안에 9를 넣었을 때의 크기를 비교합니다.
㉠ 4 9 9 5 1 3 9 9 6 7
㉡ 4 9 9 5 3 9 0 0 0 0   ➡ ㉠<㉡
㉠의 천만의 자리에 있는 □ 안에 어느 숫자를 넣어도 ㉡이 더 크므로 □ 안에 어느 숫자를 넣어도 ㉡이 더 큽니다.

01	1	02	8개
03	40000배	04	61000원
05	889492	06	㉡
07	3개	08	6500만
09	99515441	10	㉠

01

9	2	3	4	2	5	8	0	1	9	2	3
		억				만					일

➡ 십억의 자리 숫자는 3, 천만의 자리 숫자는 2이므로 차는 3-2=1입니다.

02

천구백삼조	팔천억	삼백이만	천오
1903	8000	0302	1005

➡ 0은 모두 8개입니다.

03

3	0	5	4	8	3	4	1	2	0	0
	억				만					일

㉠: 천만의 자리 ➡ 40000000
㉡: 천의 자리 ➡ 1000
40000÷1=40000이므로 ㉠이 나타내는 값은 ㉡이 나타내는 값의 40000배입니다.

04 예준: 10000이 2개 → 20000,
1000이 5개 → 5000
➡ 20000+5000=25000(원)
미호: 10000이 2개 → 20000,
1000이 16개 → 16000
➡ 20000+16000=36000(원)
따라서 두 사람의 저금통에 들어 있는 돈은 모두 25000+36000=61000(원)입니다.

05 십만의 자리 숫자를 ㉠, 백의 자리 숫자를 ㉡이라고 하면 종이에 적힌 수는 ㉠89㉡92입니다.
각 자리 숫자의 합이 40이므로
㉠+8+9+㉡+9+2=40,
㉠+㉡+28=40, ㉠+㉡=12입니다.
㉠과 ㉡의 합이 12이고 ㉠이 ㉡의 2배가 되는 경우를 찾습니다.

㉠	1	2	3	4	5	6	7	8	9	10	11
㉡	11	10	9	8	7	6	5	4	3	2	1

따라서 ㉠=8, ㉡=4이므로 종이에 적힌 수는 889492입니다.

06 ㉠ 4 1000 1365 4650
⇨ 4조 1000억 1365만 4650
㉡ 40조 1000억
㉢ 사십조 오천오백오십만 천
⇨ 40조 5550만 1000
⇨ ㉡ 40조 1000억 > ㉢ 40조 5550만 1000
> ㉠ 4조 1000억 1365만 4650

07

2	4	5	6	0	8	1	3	0	0
2	4	5	□	0	3	5	0	0	0

두 수의 자리 수가 같고, □가 있는 자리를 기준으로 높은 자리의 수가 모두 같으므로 □가 있는 자리보다 낮은 자리를 살펴봅니다.
608<□03이어야 하므로 □ 안에 들어갈 수 있는 수는 7, 8, 9로 모두 3개입니다.

08 1000만씩 2번 뛰어 센 수가 8300만이므로 어떤 수는 8300만에서 1000만씩 작아지도록 2번 뛰어 센 수입니다.
8300만-7300만-6300만이므로 어떤 수는 6300만입니다.

따라서 바르게 뛰어 세기 한 수는 6300만에서 100만씩 2번 뛰어 센 수이므로
6300만- 6400만-6500만입니다.

09 8자리 수에서 만의 자리에 1을 쓰면
□□□□1□□□□입니다.
가장 큰 수를 만들려면 가장 높은 자리부터 큰 수를 차례로 써야 하므로 남은 4, 4, 9, 9, 1, 5, 5를 큰 수부터 차례로 채우면
9 9 5 1 5 4 4 1입니다.

10 먼저 자리 수를 비교하면 ㉠과 ㉡ 모두 7자리로 같습니다.
□ 안에 0을 넣었을 때의 크기를 비교합니다.
㉠ 7 0 0 3 2 1 0
㉡ 7 0 0 1 0 0 0   ⇨ ㉠>㉡
㉠의 십만의 자리에 있는 □ 안에 0을 넣어도 ㉠이 더 크므로 □ 안에 어느 숫자를 넣어도 ㉠이 더 큽니다.

---

01 9000000000000
02 ❶ 부산광역시, 삼백삼십구만 천구백사십육
    ❷ 울산광역시, 백십삼만 육천십칠
03 에오랍토르
04 (왼쪽부터) 6050만, 9120만, 8400만
05 일억 사천구백육십만
06 ① 해왕성 ② 토성 ③ 금성 ④ 수성 ⑤ 화성
    ⑥ 목성 ⑦ 천왕성
07 99426   **08** 967051

01 9 4600 0000 0000

└ 조의 자리 숫자, 9 0000 0000 0000(9조)

02 모두 7자리 수이므로 가장 높은 자리의 수부터 차례로 비교하여 가장 큰 수와 가장 작은 수를 각각 찾습니다.

인천광역시: 294 2828

대전광역시: 146 3882

대구광역시: 241 8346

울산광역시: 113 6017 ⇨ 가장 작습니다.

광주광역시: 145 0062

부산광역시: 339 1946 ⇨ 가장 큽니다.

03 2 3100 0000 ⇨ 2억 3100만

일억 오천사백만 ⇨ 1억 5400만

7500 0000 ⇨ 7500만

2억 3100만 > 1억 5500만 > 1억 5400만 > 9900만 > 7500만이므로 가장 오래전에 살았던 공룡은 에오랍토르입니다.

04 ① 6400만   ② 4850만   ③ 7920만

② ③ ①

① 6400만 ──1000만 뛰어 세기──→ 7400만 ──1000만 뛰어 세기──→ 8400만

② 4850만 ──1000만 뛰어 세기──→ 5850만 ──100만 뛰어 세기──→ 5950만 ──100만 뛰어 세기──→ 6050만

③ 7920만 ──100만 뛰어 세기──→ 8020만 ──100만 뛰어 세기──→ 8120만 ──1000만 뛰어 세기──→ 9120만

05 태양과 지구 사이의 거리는 149600000 km입니다.

1 4960 0000

⇨ 1억 4960만

⇨ 일억 사천구백육십만

06 태양과 각 행성 사이의 거리를 비교해 봅니다.

지구: 1 4960 0000 (9자리 수)

화성: 2 2800 0000 (9자리 수)

수성: 5790 0000 (8자리 수)

목성: 7 7830 0000 (9자리 수)

금성: 1 0820 0000 (9자리 수)

토성: 14 2700 0000 (10자리 수)

천왕성: 29 0000 0000 (10자리 수)

해왕성: 44 9700 0000 (10자리 수)

각각의 행성과 태양과의 거리의 자리 수를 비교해 보면 수성은 거리가 8자리 수이므로 태양과의 거리가 가장 가깝습니다.

9자리 수끼리 크기를 비교하면

1 0820 0000 < 1 4960 0000
(금성)　　　　　(지구)

< 2 2800 0000 < 7 7830 0000입니다.
　(화성)　　　　　　(목성)

10자리 수끼리 크기를 비교하면

14 2700 0000 < 29 0000 0000 < 44 9700 0000
　(토성)　　　　　　(천왕성)　　　　　(해왕성)

입니다.

따라서 태양과의 거리가 가장 가까운 행성부터 차례로 이름을 쓰면 수성, 금성, 지구, 화성, 목성, 토성, 천왕성, 해왕성입니다.

그림에서 태양에서 가까운 행성부터 차례로 번호를 쓰면 ④, ③, 지구, ⑤, ⑥, ②, ⑦, ①입니다.

따라서 ④: 수성, ③: 금성, ⑤: 화성, ⑥ 목성, ② 토성, ⑦: 천왕성, ①: 해왕성입니다.

07 8에서 성냥개비 1개를 빼면 9를 만들 수 있으므로 만의 자리 숫자 8과 천의 자리 숫자 8에서 각각 성냥개비를 1개씩 빼어 9를 만듭니다.

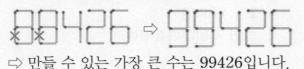

⇨ 만들 수 있는 가장 큰 수는 99426입니다.

08 주어진 수가 다섯 자리 수이므로 여섯 자리 수가 되려면 한 자리가 더 늘어나야 합니다.
움직인 성냥개비 2개로 만들 수 있는 숫자는 1뿐이고, 만든 숫자 1은 이미 만들어진 숫자들 사이에 넣을 수 없으므로 맨 앞 또는 맨 뒤에 놓아야 합니다.
따라서 가장 큰 수를 만들려면 만든 숫자 1은 맨 뒤인 일의 자리에 놓아야 합니다.
만들어진 숫자들 8, 6, 7, 0, 9에서 성냥개비를 1개 또는 2개 뺐을 때 만들 수 있는 숫자를 알아보면 다음과 같습니다.

숫자	성냥개비 1개를 뺐을 때 만들 수 있는 숫자	성냥개비 2개를 뺐을 때 만들 수 있는 숫자
8	0, 6, 9	2, 3, 5
6	5	X
7	X	1
0	X	7
9	3, 5	4, 7

따라서 성냥개비 2개를 움직여 만들 수 있는 여섯 자리 수 중에서 가장 큰 수는 967051입니다.

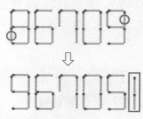

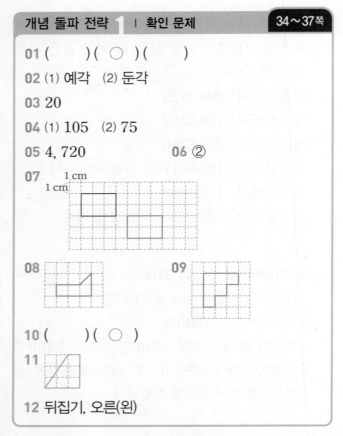

2주 1일

개념 돌파 전략 1 | 확인 문제 　34~37쪽

01 (　　)(○)(　　)
02 (1) 예각　(2) 둔각
03 20
04 (1) 105　(2) 75
05 4, 720　　　　　**06** ②
07
08　　　　　　**09**
10 (　　)(○)
11
12 뒤집기, 오른(왼)

01 변의 길이 또는 각의 방향과 관계없이 두 변이 가장 많이 벌어진 각을 찾습니다.

02 (1) 각도가 0°보다 크고 직각보다 작은 각을 예각이라고 합니다.
(2) 각도가 직각보다 크고 180°보다 작은 각을 둔각이라고 합니다.

03 각도기의 밑금에 맞춘 각의 한 변이 닿은 눈금 0에서 시작하여 나머지 변이 만나는 눈금을 읽습니다.

04 (1) 40＋65＝105 ⇨ 40°＋65°＝105°
(2) 90－15＝75 ⇨ 90°－15°＝75°

05 육각형의 한 꼭짓점에서 다른 꼭짓점에 각각 선분을 그으면 4개의 삼각형으로 나누어집니다.
(육각형의 여섯 각의 크기의 합)
=(삼각형 4개의 모든 각의 크기의 합)
=(삼각형의 세 각의 크기의 합)×4
=$180°×4=720°$

06 삼각형에서 바깥쪽의 각 ㉣은 바로 안쪽의 각 ㉠을 제외한 나머지 두 각의 크기의 합과 같으므로 ㉣=㉡+㉢입니다.

07 주어진 도형의 한 꼭짓점을 기준으로 아래쪽으로 2 cm, 오른쪽으로 4 cm 이동한 점을 찾고 처음 도형과 똑같은 모양과 크기로 그립니다.

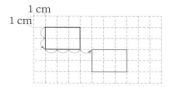

08 도형을 오른쪽으로 뒤집으면 도형의 왼쪽과 오른쪽의 방향이 서로 바뀝니다.

09 도형을 시계 방향으로 90°만큼 돌리면 위쪽 부분이 오른쪽으로, 오른쪽 부분이 아래쪽으로, 아래쪽 부분이 왼쪽으로, 왼쪽 부분이 위쪽으로 이동합니다.

10 주어진 도형을 위쪽으로 뒤집고 시계 방향으로 90°만큼 돌리면 다음과 같습니다.

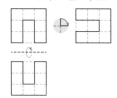

11 움직인 도형을 시계 반대 방향으로 90°만큼 돌리면 처음 도형이 됩니다.

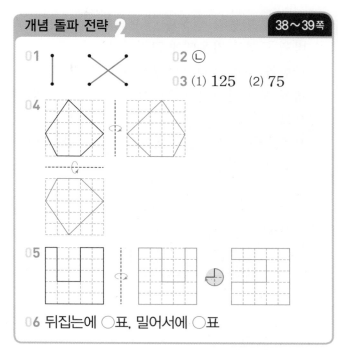

01 01 [도형] 02 ㉡
03 (1) 125 (2) 75
04 [도형]
05 [도형]
06 뒤집는에 ○표, 밀어서에 ○표

01

예각   둔각   직각

02 ㉠ $135°-20°=115°$
㉡ $75°+60°=135°$
㉢ $40°+85°=125°$
⇨ ㉡ $135°>$ ㉢ $125°>$ ㉠ $115°$

03 (1) □°$=55°+70°=125°$
(2) 사각형의 네 각의 크기의 합은 360°이므로 나머지 한 각의 크기는
$360°-90°-80°-85°=105°$입니다.
⇨ □°$=180°-105°=75°$

04 • 도형을 오른쪽으로 뒤집으면 도형의 위쪽과 아래쪽은 변하지 않고 왼쪽과 오른쪽의 방향이 서로 바뀝니다.
• 도형을 아래쪽으로 뒤집으면 도형의 왼쪽과 오른쪽은 변하지 않고 위쪽과 아래쪽의 방향이 서로 바뀝니다.

05 주어진 도형의 왼쪽과 오른쪽의 방향이 서로 바뀐 도형을 가운데에 그립니다.
도형을 시계 방향으로 270°만큼 돌린 것은 도형을 시계 반대 방향으로 90°만큼 돌린 것과 같으므로 가운데 그린 도형의 위쪽 부분을 왼쪽으로, 왼쪽 부분을 아래쪽으로 이동한 도형을 오른쪽에 그립니다.

06

① 오른쪽으로 뒤집기

② 아래쪽으로 밀기

2주 2일

필수 체크 전략 1 40~43쪽

1-1 ㉠, ㉡, ㉢ **1-2** ㉡, ㉠, ㉢, ㉣
2-1 4개 **2-2** 3개
3-1 75° **3-2** 105°
4-1 3번
5-1

6-1

7-1 25 **7-2** 58
8-1

1-1 ㉠ 35°+55°=90°
㉡ 100°−15°=85°
㉢ 64°+16°=80°
⇨ ㉠ 90° > ㉡ 85° > ㉢ 80°

1-2 ㉠ 146°−13°=133°
㉡ 58°+76°=134°
㉢ 170°−38°=132°
㉣ 43°+87°=130°
⇨ ㉡ 134° > ㉠ 133° > ㉢ 132° > ㉣ 130°

2-1

• 각 2개로 이루어진 둔각:
 ①+②, ②+③ ⇨ 2개
• 각 3개로 이루어진 둔각:
 ①+②+③, ②+③+④ ⇨ 2개
따라서 찾을 수 있는 크고 작은 둔각은 모두 2+2=4(개)입니다.

2-2

• 각 2개로 이루어진 둔각: ③+④ ⇨ 1개
• 각 3개로 이루어진 둔각:
 ①+②+③, ②+③+④ ⇨ 2개
따라서 찾을 수 있는 크고 작은 둔각은 모두 1+2=3(개)입니다.

3-1 삼각형 ㄹㅁㄷ에서
(각 ㄹㅁㄷ)=180°−60°−35°=85°이고,
(각 ㄱㄹㅁ)=(각 ㄹㅁㄷ)=85°입니다.
사각형 ㄱㄴㄷㄹ의 네 각의 크기의 합은 360°이므로
(각 ㄱㄴㅁ)=360°−105°−85°−60°−35°
    =75°입니다.

3-2 삼각형 ㄱㄴㅁ에서

(각 ㄱㅁㄴ)=180°−80°−60°=40°이고,

(각 ㅁㄴㄷ)=(각 ㄱㅁㄴ)=40°입니다.

사각형 ㄱㄴㄷㄹ의 네 각의 크기의 합은 360°

이므로

(각 ㄴㄷㄹ)=360°−40°−60°−80°−75°

＝105°입니다.

4-1 시계의 긴바늘이 12를 가리키는 시각은 ■시

입니다.

오전 10시 30분과 오후 5시 30분 사이의 시각

중에서 긴바늘이 12를 가리키는 시각은 오전

11시, 낮 12시, 오후 1시, 오후 2시, 오후 3시,

오후 4시, 오후 5시입니다.

이 중에서 시계의 긴바늘과 짧은바늘이 이루

는 작은 쪽의 각이 예각인 시각은 오전 11시,

오후 1시, 오후 2시로 모두 3번 있습니다.

5-1 ① 위쪽으로 3 cm 밀기

→ ② 오른쪽으로 5 cm 밀기

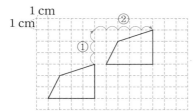

6-1 도형을 시계 반대 방향으로 90°만큼씩 돌리는

규칙입니다.

시계 반대 방향으로 360°만큼 돌린 도형은 처

음 도형과 같으므로 첫째, 둘째, 셋째, 넷째 모

양이 반복됩니다.

22÷4＝5…2이므로 22째에 알맞은 도형은

둘째 모양과 같이 첫째 모양을 시계 반대 방향

으로 90°만큼 돌린 모양입니다.

7-1 거울에 비친 모양은 위쪽으로 뒤집은 모양과

같습니다.

따라서 주어진 수 카드를 위쪽으로 뒤집었을

때의 수를 구하면 25입니다.

7-2 거울에 비친 모양은 오른쪽으로 뒤집은 모양과

같습니다.

따라서 주어진 수 카드를 오른쪽으로 뒤집었을

때의 수를 구하면 58입니다.

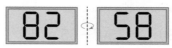

8-1 ① 오른쪽으로 밀기:

도형의 모양과 크기가 변하지 않습니다.

② 아래쪽으로 7번 뒤집기:

아래쪽으로 1번 뒤집은 것과 같습니다.

③ 시계 반대 방향으로 270°만큼 돌리기:

시계 방향으로 90°만큼 돌린 것과 같습니다.

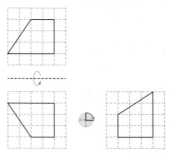

뒤집기와 돌리기를
할 때는 간단하게 이동하는
방법을 알아봐요.

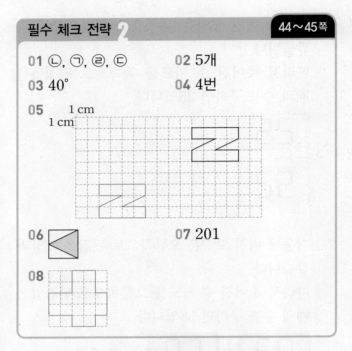

필수 체크 전략 2 44~45쪽

01 ⓒ, ㄱ, ㄹ, ⓒ 02 5개

03 40° 04 4번

05 1 cm

06 07 201

08

04 윤호가 하교하는 시각:

오전 8시 30분 ──4시간 후──→ 오후 12시 30분
──3시간 후──→ 오후 3시 30분

시계의 긴바늘이 12를 가리키는 시각은 ■시 입니다.

오전 8시 30분과 오후 3시 30분 사이의 시각 중에서 긴바늘이 12를 가리키는 시각은 오전 9시, 오전 10시, 오전 11시, 낮 12시, 오후 1시, 오후 2시, 오후 3시입니다.

이 중에서 시계의 긴바늘과 짧은바늘이 이루는 작은 쪽의 각이 예각인 시각은 오전 10시, 오전 11시, 오후 1시, 오후 2시로 모두 4번 있습니다.

01 ⓐ 45°+35°=80° ⓑ 150°-65°=85°
ⓒ 90°-25°=65° ⓓ 20°+55°=75°
⇨ ⓑ 85°>ⓐ 80°>ⓓ 75°>ⓒ 65°

02

• 각 2개로 이루어진 둔각: ④+⑤ ⇨ 1개
• 각 3개로 이루어진 둔각:
   ②+③+④, ③+④+⑤ ⇨ 2개
• 각 4개로 이루어진 둔각:
   ①+②+③+④, ②+③+④+⑤ ⇨ 2개
따라서 찾을 수 있는 크고 작은 둔각은 모두 1+2+2=5(개)입니다.

03 삼각형 ㄱㄴㅁ에서
(각 ㄱㅁㄴ)=180°-70°-50°=60°입니다.
각 ㉠과 각 ㄱㅁㄴ의 크기가 같으므로
㉠=(각 ㄱㅁㄴ)=60°입니다.
사각형 ㄱㄴㄷㄹ의 네 각의 크기의 합은 360° 이므로 ㉡=360°-60°-70°-50°-80°=100°
입니다. ⇨ ㉡-㉠=100°-60°=40°

05 ① 아래쪽으로 5 cm 밀기
→ ② 왼쪽으로 8 cm 밀기

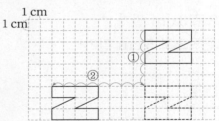

1 cm

06 도형을 시계 반대 방향으로 90°만큼씩 돌리는 규칙입니다.

시계 반대 방향으로 360°만큼 돌린 도형은 처음 도형과 같으므로 첫째, 둘째, 셋째, 넷째 모양이 반복됩니다.

30÷4=7…2이므로 30째에 알맞은 도형은 둘째 모양과 같이 첫째 모양을 시계 반대 방향으로 90°만큼 돌린 모양입니다.

07 거울에 비친 모양은 왼쪽으로 뒤집은 모양과 같습니다.

따라서 주어진 수 카드를 왼쪽으로 뒤집었을 때의 수를 구하면 201입니다.

08 ① 아래쪽으로 밀기:

도형의 모양과 크기가 변하지 않습니다.

② 오른쪽으로 16번 뒤집기:

뒤집기 전의 도형과 같습니다.

③ 시계 반대 방향으로 270°만큼 돌리기:

시계 방향으로 90°만큼 돌린 것과 같습니다.

필수 체크 전략 1	46~49쪽
1-1 60°	
2-1 108°	2-2 135°
3-1 105°	3-2 75°
4-1 140°	
5-1	6-1
7-1	8-1 795

1-1 직각(90°)을 똑같이 6개의 각으로 나누었으므로
(각 ㄱㅇㄴ)=90°÷6=15°입니다.
각 ㄴㅇㅂ은 각 ㄱㅇㄴ의 4배입니다.
⇨ (각 ㄴㅇㅂ)=(각 ㄱㅇㄴ)×4
=15°×4=60°

2-1

도형의 한 꼭짓점에서 다른 꼭짓점에 선분을 그으면 삼각형 3개로 나누어집니다.

(도형 안에 있는 5개의 각의 크기의 합)
=180°×3=540°

⇨ ㉠=540°÷5=108°

2-2

도형의 한 꼭짓점에서 다른 꼭짓점에 선분을 그으면 삼각형 6개로 나누어집니다.

(도형 안에 있는 8개의 각의 크기의 합)
=180°×6=1080°

⇨ ㉠=1080°÷8=135°

3-1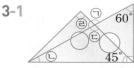

㉡=180°-60°-90°=30°

㉢=180°-30°-45°=105°

㉣=180°-105°=75°

㉠=180°-75°=105°

3-2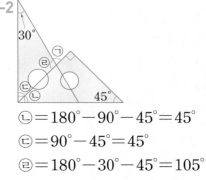

㉡=180°-90°-45°=45°

㉢=90°-45°=45°

㉣=180°-30°-45°=105°

㉠=180°-105°=75°

4-1 종이를 접기 전의 부분과 접은 후의 부분의 각
도가 같으므로
(각 ㄹㄴㅁ)=(각 ㄹㄴㄷ)=20°입니다.
(각 ㄷㄴㅁ)=20°+20°=40°
(각 ㄱㄴㅂ)=90°−40°=50°
(각 ㄱㅂㄴ)=180°−90°−50°=40°
(각 ㄴㅂㄹ)=180°−40°=140°

5-1 (시계 방향으로 90°만큼 4번 돌리기)
=(시계 방향으로 360°만큼 돌리기)
=(처음 도형)
25÷4=6…1이므로 시계 방향으로 90°만큼
25번 돌린 것은 시계 방향으로 90°만큼 돌린
것과 같습니다.

6-1 도형의 왼쪽 부분이 오른쪽으로, 위쪽 부분이
아래쪽으로 이동했으므로 도형을 시계 방향
또는 시계 반대 방향으로 180°만큼 돌린 것입
니다.
따라서 주어진 도형을 시계 방향 또는 시계 반
대 방향으로 180°만큼 돌린 도형을 그립니다.

7-1 움직인 방법을 거꾸로 생각하여 이동합니다.
도형을 움직인 방법:
위쪽으로 뒤집기
→ 시계 방향으로 90°만큼 돌리기
처음 도형을 구하는 방법:
시계 반대 방향으로 90°만큼 돌리기
→ 아래쪽으로 뒤집기

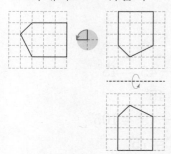

8-1 철봉에 거꾸로 매달려서 보는 모양은 시계 방
향 또는 시계 반대 방향으로 180°만큼 돌린 모
양과 같습니다.
주어진 수 카드를 시계 방향으로 180°만큼 돌
렸을 때의 수는 156입니다.

⇨ 951−156=795

필수 체크 전략 **2**　　　　50~51쪽

01 135°　　　　　　02 144°
03 75°　　　　　　04 30°
05 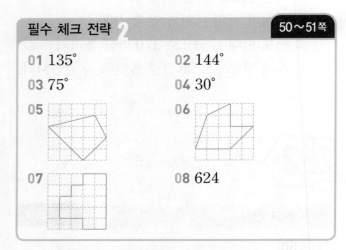　　06
07　　　　　　08 624

01 (피자 한 조각의 각도)=360°÷8=45°
㉠은 피자 3조각의 각도와 같으므로 피자 한
조각의 각도를 3배 합니다.
⇨ ㉠=(피자 한 조각의 각도)×3
=45°×3=135°

02
도형의 한 꼭짓점에서 다른 꼭짓점에 선분을
그으면 삼각형 8개로 나누어집니다.
(도형 안에 있는 10개의 각의 크기의 합)
=180°×8=1440°
⇨ ㉠=1440°÷10=144°

03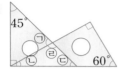

ⓛ=180°−90°−60°=30°
ⓒ=180°−45°−90°=45°
ⓡ=180°−30°−45°=105°
ⓐ=180°−105°=75°

04 종이를 접기 전의 부분과 접은 후의 부분의 각
도가 같으므로
(각 ㄷㄹㄱ)=(각 ㄷㄹㅇ)=15°입니다.
(각 ㅁㄹㅂ)=90°−15°−15°=60°
삼각형 ㄹㅁㅂ에서
(각 ㄹㅁㅂ)=180°−90°−60°=30°입니다.
⇨ (각 ㄷㅁㄹ)=180°−30°=150°,
  (각 ㄱㅁㄷ)=180°−150°=30°

05 도형을 시계 방향으로 90°만큼 4번 돌리면 처
음 도형과 같습니다.
(시계 방향으로 90°만큼 7번 돌리기)
=(시계 방향으로 90°만큼 3번 돌리기)
=(시계 반대 방향으로 90°만큼 돌리기)
도형을 시계 반대 방향으로 180°만큼 2번 돌
리면 처음 도형과 같습니다.

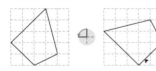

06 도형의 위쪽 부분이 오른쪽으로, 오른쪽 부분
이 아래쪽으로 이동했으므로 시계 방향으로
90°만큼 돌린 것입니다.
따라서 주어진 도형을 시계 방향으로 90°만큼
돌린 도형을 그립니다.

07 움직인 방법을 거꾸로 생각하여 이동합니다.
도형을 움직인 방법:
왼쪽으로 뒤집기
→ 시계 방향으로 270°만큼 돌리기
처음 도형을 구하는 방법:
시계 반대 방향으로 270°만큼 돌리기
→ 오른쪽으로 뒤집기
시계 반대 방향으로 270°만큼 돌리는 것은 시
계 방향으로 90°만큼 돌리는 것과 같습니다.

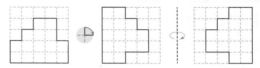

08 철봉에 거꾸로 매달려서 보는 모양은 시계 방
향 또는 시계 반대 방향으로 180°만큼 돌린 모
양과 같습니다.
주어진 수 카드를 시계 방향으로 180°만큼 돌
렸을 때의 수는 268입니다.

⇨ 892−268=624

누구나 만점 전략 52~53쪽

01 ㉠, ㉡, ㉢   02 3개
03 2번   04 53
05 [도형]   06 45°
                07 130°
08 [도형]   09 [도형]
10 399

01 ㉠ $162°-33°=129°$
㉡ $72°+56°=128°$
㉢ $180°-54°=126°$
⇨ ㉠ $129°$ > ㉡ $128°$ > ㉢ $126°$

02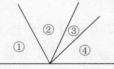
- 각 2개로 이루어진 둔각: ①+② ⇨ 1개
- 각 3개로 이루어진 둔각:
   ①+②+③, ②+③+④ ⇨ 2개
따라서 찾을 수 있는 크고 작은 둔각은 모두
$1+2=3$(개)입니다.

03 시계의 긴바늘이 12를 가리키는 시각은 ■시
입니다.
오전 8시 30분과 오후 12시 30분 사이의 시각
중에서 긴바늘이 12를 가리키는 시각은 오전
9시, 오전 10시, 오전 11시, 낮 12시입니다.
이 중에서 시계의 긴바늘과 짧은바늘이 이루
는 작은 쪽의 각이 예각인 시각은 오전 10시,
오전 11시로 모두 2번 있습니다.

04 거울에 비친 모양은 수 카드를 아래쪽으로 뒤
집은 모양과 같습니다.
따라서 주어진 수 카드를 아래쪽으로 뒤집었
을 때의 수를 구하면 53입니다.

05 ① 아래쪽으로 밀기:
   도형의 모양과 크기가 변하지 않습니다.
② 아래쪽으로 5번 뒤집기:
   아래쪽으로 1번 뒤집은 것과 같습니다.
③ 시계 방향으로 $180°$만큼 돌리기:
   도형의 위쪽 부분이 아래쪽으로, 왼쪽 부분
   이 오른쪽으로 이동합니다.

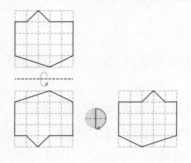

06 직각($90°$)을 똑같이 6개의 각으로 나누었으므로
(각 ㄱㅇㄴ)$=90°÷6=15°$입니다.
⇨ (각 ㄹㅇㅅ)$=$(각 ㄱㅇㄴ)$×3$
       $=15°×3=45°$

07 종이를 접기 전의 부분과 접은 후의 부분의 각
도가 같으므로
(각 ㄷㄱㄹ)$=$(각 ㄷㄱㅂ)$=25°$입니다.
(각 ㄴㄱㅁ)$=90°-25°-25°=40°$
(각 ㄱㅁㄴ)$=180°-40°-90°=50°$
(각 ㄱㅁㄷ)$=180°-50°=130°$

08 (시계 반대 방향으로 $90°$만큼 4번 돌리기)
  $=$(시계 반대 방향으로 $360°$만큼 돌리기)
  $=$(처음 도형)
14$÷$4$=$3$…$2이므로 시계 반대 방향으로 $90°$
만큼 14번 돌린 것은 시계 반대 방향으로 $90°$
만큼 2번 돌린 것, 즉 시계 반대 방향으로 $180°$
만큼 돌린 것과 같습니다.

09 움직인 방법을 거꾸로 생각하여 이동합니다.

도형을 움직인 방법:

왼쪽으로 뒤집기

→ 시계 반대 방향으로 90°만큼 돌리기

처음 도형을 구하는 방법:

시계 방향으로 90°만큼 돌리기

→ 오른쪽으로 뒤집기

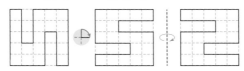

10 철봉에 거꾸로 매달려서 보는 모양은 시계 방향 또는 시계 반대 방향으로 180°만큼 돌린 모양과 같습니다.

주어진 수 카드를 시계 방향으로 180°만큼 돌렸을 때의 수는 985입니다.

⇨ 985−586=399

창의·융합·코딩 전략 54~57쪽

01 ②, ⑥ ; ④ ; ①, ③, ⑤

02 예각, 2개　　　**03** 18°

04 카이로, 150°　　**05** 2, 오른

06 1, 아래 ; 1, 오른, 4

07 가, 밀기를 ; 라, 예 시계 반대 방향으로 90°만큼 돌리기

08 70590

01 직각은 90°입니다.

각의 크기를 직각과 비교했을 때 각도가 0°보다 크고 직각보다 작으면 예각이고, 각도가 직각보다 크고 180°보다 작으면 둔각입니다.

02

은영이가 설정한 잠금 패턴에서 찾을 수 있는 예각은 3개, 둔각은 1개이므로 예각이 둔각보다 3−1=2(개) 더 많습니다.

03 날개가 4개인 선풍기의 날개 사이의 각도는 360°÷4=90°이고, 날개가 5개인 선풍기의 날개 사이의 각도는 360°÷5=72°입니다.

따라서 두 선풍기의 날개 사이의 각도의 차는 90°−72°=18°입니다.

04 각 시계에서 긴바늘과 짧은바늘이 이루는 작은 쪽의 각이 가장 큰 도시는 이집트의 카이로입니다.

시계의 숫자 눈금은 똑같이 12칸으로 나누어져 있으므로 숫자 눈금 한 칸의 각도는 360°÷12=30°입니다.

카이로의 시각을 나타내는 시계의 긴바늘과 짧은바늘이 이루는 작은 쪽의 각은 숫자 눈금 5칸이므로 각의 크기는 30°×5=150°입니다.

05 ① 위쪽으로 2 cm 밀기

→ ② 오른쪽으로 5 cm 밀기

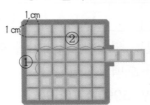

06 ① 보라색 조각을 위쪽으로 1 cm 밀기
→ ② 초록색 조각을 아래쪽으로 1 cm 밀기
→ ③ 노란색 조각을 아래쪽으로 1 cm 밀기
→ ④ 노란색 조각을 오른쪽으로 4 cm 밀기

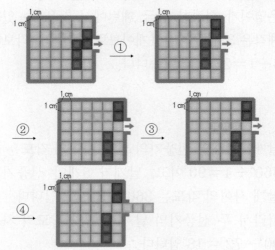

07 퍼즐의 나온 부분과 들어간 부분을 확인하여
㉠, ㉡과 모양이 같은 조각을 찾은 다음 밀기,
뒤집기, 돌리기 중에서 어떤 방법으로 움직여야
하는지 알아봅니다.

08

암호	¥	ㅡ	ㄹ	ㅁ	ㅜ	ㄱ	ㅇ	ㅗ
실마리								
결과	ㅊ	ㅣ	ㄹ	ㅁ	ㅏ	ㄴ	ㅇ	ㅗ

암호	ㅍ	ㅐ	ㄷ	ㄴ	ㅓ	Y	ㅣ	ㅂ
실마리								
결과	ㅂ	ㅐ	ㄱ	ㄱ	ㅜ	ㅅ	ㅣ	ㅂ

암호를 실마리에 있는 뒤집기, 돌리기를 이용
하여 풀어 보면 칠만 오백구십입니다.
칠만 오백구십 ⇨ 7만 590 ⇨ 70590

01 1000, 1000000, 1000000000,
1000000000000
02 (위에서부터) 4900만 ; 490억, 4조 9000억
; 4900조
03 (1) 150° (2) 15°   **04** 6개
05 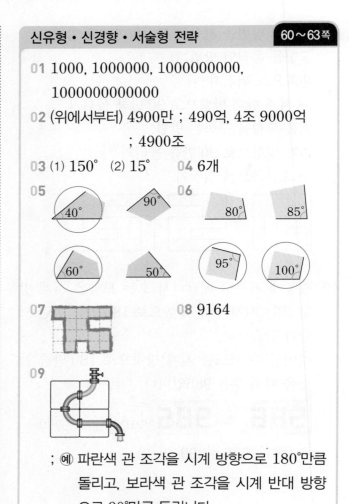   **06**
07   **08** 9164
09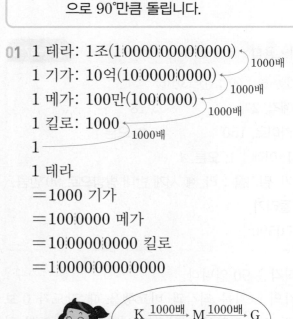

; ⑩ 파란색 관 조각을 시계 방향으로 180°만큼
돌리고, 보라색 관 조각을 시계 반대 방향
으로 90°만큼 돌립니다.

01 1 테라: 1조(1 0000 0000 0000)
1 기가: 10억(10 0000 0000)
1 메가: 100만(100 0000)
1 킬로: 1000
1
1 테라
=1000 기가
=100 0000 메가
=10 0000 0000 킬로
=1 0000 0000 0000

K $\xrightarrow{1000배}$ M $\xrightarrow{1000배}$ G $\xrightarrow{1000배}$ T

02 10배는 수의 끝자리에 0이 1개, 100배는 수의 끝자리에 0이 2개, 1000배는 수의 끝자리에 0이 3개 늘어납니다.

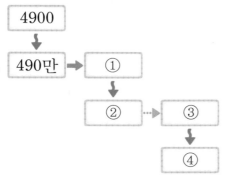

① 490만(490 0000)의 10배:
4900만(4900 0000)

② 4900만(4900 0000)의 1000배:
490 0000 0000 ⇨ 490억

③ 490억(490 0000 0000)의 100배:
4 9000 0000 0000 ⇨ 4조 9000억

④ 4조 9000억(4 9000 0000 0000)의 1000배:
4900 0000 0000 0000 ⇨ 4900조

03 (1) $90°+60°=150°$
(2) $60°-45°=15°$

04

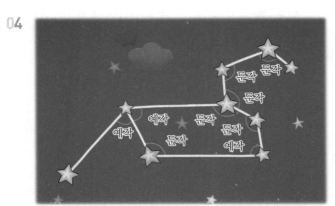

각도가 직각보다 크고 180°보다 작은 각을 둔각이라고 하므로 표시된 각 중에서 90°보다 크고 180°보다 작은 각을 모두 찾으면 6개입니다.

05 삼각형의 세 각의 크기의 합은 180°이므로 나머지 두 각의 크기의 합이 $180°-80°=100°$가 되어야 합니다.
합이 100°가 되는 두 각을 찾으면 40°와 60°입니다.

06 사각형의 네 각의 크기의 합이 360°이므로 나머지 두 각의 크기의 합이
$360°-95°-70°=195°$가 되어야 합니다.
합이 195°가 되는 두 각을 찾으면 95°와 100°입니다.

07 위쪽으로 밀었을 때 보이는 모양을 모눈종이의 위의 두 줄에 그리고, 아래쪽으로 밀었을 때 보이는 모양을 아래의 두 줄에 그려서 도형을 완성합니다.

08 주어진 표를 시계 방향으로 90°만큼 4번 돌리면 처음 표와 같습니다.
$10÷4=2⋯2$, $30÷4=7⋯2$이므로 시계 방향으로 90°만큼 10번 돌린 표와 30번 돌린 표는 시계 방향으로 90°만큼 2번 돌린 표와 같고, 시계 방향으로 20번 돌린 표와 40번 돌린 표는 처음 표와 같습니다.
표를 돌렸을 때 각 자리에 있는 숫자는 다음과 같습니다.

천의 자리:
9	8	7
6	5	4
3	2	1

백의 자리:
1	2	3
4	5	6
7	8	9

십의 자리:
9	8	7
6	5	4
3	2	1

일의 자리:
1	2	3
4	5	6
7	8	9

⇨ 비밀번호는 9164입니다.

09

파란색 관 조각의 왼쪽 부분이 오른쪽으로, 위쪽 부분이 아래쪽으로 이동해야 하므로 파란색 관 조각을 시계 방향 또는 시계 반대 방향으로 180°만큼 돌려야 합니다.

보라색 관 조각의 아래쪽 부분이 오른쪽으로, 오른쪽 부분이 위쪽으로 이동해야 하므로 보라색 관 조각을 시계 반대 방향으로 90°만큼 또는 시계 방향으로 270°만큼 돌려야 합니다.

고난도 해결 전략 1회   64~67쪽

01 16   **02** 1개
03 ㉡   **04** 50050000000
05 5950억   **06** 2개
07 (1) 43000원 (2) 60000원 (3) 103000원
08 (1) 5 (2) 6 (3) 564490273
09 5조 9600억
10 877668553311
11 (1) 11자리 수, 11자리 수, 11자리 수, 11자리 수
    (2) ㉣ (3) ㉡ (4) ㉡, ㉢, ㉠, ㉣
12 (1) 2조 3000억 (2) 20조 2572억
    (3) 이십조 이천오백칠십이억

01

3	5	1	9	4	0	9	8	7	3	2	1	0	8	6	0
		조				억				만				일	

㉠: 십조의 자리 숫자 ⇨ 1
㉡: 억의 자리 숫자 ⇨ 8
㉢: 천만의 자리 숫자 ⇨ 7
⇨ ㉠＋㉡＋㉢＝1＋8＋7＝16

02

사백이십조	오천삼백팔십억	이백십만	구천백육십일
420	5380	0210	9161

⇨ 0은 4개, 1은 3개이므로 0은 1보다 4－3＝1(개) 더 많습니다.

03 ㉠ 조가 7500개이면 7500조, 억이 4930개이면 4930억이므로 7500조 4930억입니다.
㉡ 7462조에서 10조씩 4번 뛰어 세면
7462조－7472조－7482조－7492조
－7502조입니다.
7500조 4930억＜7502조이므로 더 큰 수는 ㉡입니다.

04 ㉠ 27 5631 1400
       └ 천만의 자리 숫자, 5000 0000
㉡ 60 1598 2374 0000
        └ 백억의 자리 숫자, 500 0000 0000
따라서 ㉠과 ㉡에서 숫자 5가 나타내는 값의 합은 5000 0000＋500 0000 0000
＝500 5000 0000입니다.

05 6010억에서 3번 뛰어 센 수가 6100억으로 6010억보다 90억만큼 더 큰 수입니다.
따라서 90억÷3＝30억씩 뛰어 세는 규칙이므로 ♥에 알맞은 수는 6010억에서 30억씩 거꾸로 2번 뛰어 센 수입니다.
⇨ 6010억－5980억－5950억

06

8	4	6	2	7	9	5	3	0	1	3	5	6
8	4	6	□	7	8	6	0	0	9	2	5	3

두 수의 자리 수가 같고, □가 있는 자리를 기준으로 높은 자리의 수가 모두 같으므로 □가 있는 자리보다 낮은 자리를 살펴봅니다.
279＞□78이어야 하므로 □ 안에 들어갈 수 있는 수는 1, 2로 모두 2개입니다.

07 (1) 10000이 3개: 30000,

1000이 13개: 13000

⇨ 30000+13000=43000(원)

(2) 10000이 4개: 40000,

1000이 20개: 20000

⇨ 40000+20000=60000(원)

(3) 두 사람의 저금통에 들어 있는 돈은 모두

43000+60000=103000(원)입니다.

08 (1) 백만의 자리 숫자가 4이므로 억의 자리 숫자는 4+1=5입니다.

(2) 십만의 자리 숫자를 ㉠, 백의 자리 숫자를 ㉡이라고 하면 종이에 적힌 수는

564㉠90㉡73입니다.

각 자리 숫자의 합이 40이므로

5+6+4+㉠+9+0+㉡+7+3=40,

㉠+㉡+34=40, ㉠+㉡=6입니다.

(3) ㉠과 ㉡의 합이 6이고 ㉠이 ㉡의 2배가 되는 경우는 ㉠=4, ㉡=2입니다.

따라서 종이에 적힌 9자리 수는

564490273입니다.

09 100억씩 4번 뛰어 센 수가 5조 6000억이므로 어떤 수는 5조 6000억에서 100억씩 작아지도록 4번 뛰어 센 수입니다.

5조 6000억-5조 5900억-5조 5800억

-5조 5700억-5조 5600억이므로 어떤 수는

5조 5600억입니다.

따라서 바르게 뛰어 세기 한 수는 5조 5600억에서 1000억씩 4번 뛰어 센 수이므로

5조 5600억-5조 6600억-5조 7600억

-5조 8600억-5조 9600억입니다.

10 12자리 수에서 백만의 자리에 8을 쓰면

□□□□□8□□□□□□입니다.

가장 큰 수를 만들려면 가장 높은 자리부터 큰 수를 차례로 써야 하므로 남은 1, 1, 8, 6, 6, 5, 5, 3, 3, 7, 7을 큰 수부터 차례로 채우면

877668855331입니다.

11 (1) ㉠ 797□02□□185 ⇨ 11자리 수

㉡ 7996□5154□□ ⇨ 11자리 수

㉢ 79904□8□□53 ⇨ 11자리 수

㉣ 7□66420□7□4 ⇨ 11자리 수

(2) 모두 11자리 수이므로 가장 높은 자리의 수부터 차례로 비교합니다.

㉣의 십억의 자리에 9를 넣어도 ㉣의 억의 자리 수가 가장 작으므로 가장 작은 수는 ㉣입니다.

(3) ㉠, ㉡, ㉢의 억의 자리 수를 비교하면 ㉠이 가장 작고, ㉡의 백만의 자리에 0을 넣어도 ㉡의 천만의 자리 수가 더 크므로 가장 큰 수는 ㉡입니다.

(4) 큰 수부터 차례로 쓰면 ㉡>㉢>㉠>㉣입니다.

12 (1) 4조 1572억-□-□-11조 572억

⇨ 3번 뛰어 세기 하여 6조 9000억이 커졌으므로 2조 3000억씩 뛰어 세는 규칙입니다.

(2) 11조 572억에서 2조 3000억씩 4번 뛰어 세기 한 수는 11조 572억-13조 3572억

-15조 6572억-17조 9572억

-20조 2572억입니다.

(3) 20조 2572억은 이십조 이천오백칠십이억이라고 읽습니다.

고난도 해결 전략 2회 68~71쪽

01 ㉢, ㉠, ㉡, ㉣ **02** 120°

03 (1) 55° (2) 80° (3) 25°

04 165° **05** 70°

06 (1) 오후 4시 30분

(2) 오전 11시, 낮 12시, 오후 1시, 오후 2시, 오후 3시, 오후 4시

(3) 1번

07 42° **08**

09 (1) 예 도형을 시계 방향으로 90°만큼 돌린 것입니다.

(2)

10   **11**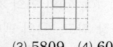

12 (1) 5089 (2) 6805 (3) 5809 (4) 6085

(5) 720

---

01 ㉠ 145°+55°=200°

㉡ 360°−165°=195°

㉢ 90°+115°=205°

㉣ 15°+175°=190°

⇨ ㉢ 205°>㉠ 200°>㉡ 195°>㉣ 190°

02 (샌드위치 한 조각의 각도)=360°÷6=60°

㉠은 샌드위치 2조각의 각도와 같으므로

㉠=60°+60°=120°입니다.

03 (1) 삼각형 ㄱㄴㅁ에서

(각 ㄱㅁㄴ)=180°−60°−65°=55°입니다.

각 ㉠과 각 ㄱㅁㄴ의 크기가 같으므로

㉠=(각 ㄱㅁㄴ)=55°입니다.

(2) 사각형 ㄱㄴㄷㄹ의 네 각의 크기의 합은 360°이므로

㉡=360°−55°−60°−65°−100°=80° 입니다.

(3) ㉡−㉠=80°−55°=25°

04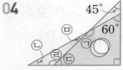

㉡=180°−60°−90°=30°

㉢=180°−45°−90°=45°

㉣=180°−45°=135°

㉤=180°−30°−135°=15°

㉠=180°−15°=165°

05 종이를 접기 전의 부분과 접은 후의 부분의 각도가 같습니다.

⇨ (각 ㄷㄴㅅ)=(각 ㅁㄴㅅ)=35°

(각 ㄱㄴㅇ)=90°−35°−35°=20°

삼각형 ㄱㄴㅇ에서

(각 ㄱㅇㄴ)=180°−90°−20°=70°입니다.

⇨ (각 ㄴㅇㅅ)=180°−70°=110°,

(각 ㅁㅇㅅ)=180°−110°=70°

06 (1) 오전 10시 30분 →2시간 후→ 오후 12시 30분

→4시간 후→ 오후 4시 30분

(2) 시계의 긴바늘이 12를 가리키는 시각은 ■시 입니다.

오전 10시 30분과 오후 4시 30분 사이의 시각 중에서 긴바늘이 12를 가리키는 시각은 오전 11시, 낮 12시, 오후 1시, 오후 2시, 오후 3시, 오후 4시입니다.

(3) 시계의 긴바늘과 짧은바늘이 이루는 작은 쪽의 각이 둔각인 시각은 오후 4시로 1번 있습니다.

07 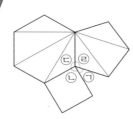 사각형의 네 각의 크기의 합은 360°입니다.

⇨ ⓛ＝360°÷4＝90°

육각형의 6개의 각의 크기의 합은 180°×4＝720°입니다. ⇨ ⓒ＝720°÷6＝120°

오각형의 5개의 각의 크기의 합은 180°×3＝540°입니다. ⇨ ⓔ＝540°÷5＝108°

⇨ ㉠＝360°－90°－120°－108°＝42°

08 도형을 시계 방향으로 90°만큼씩 돌리는 규칙입니다. 시계 방향으로 360°만큼 돌린 도형은 처음 도형과 같으므로 첫째, 둘째, 셋째, 넷째 모양이 반복됩니다.

75÷4＝18…3이므로 75째에 알맞은 도형은 셋째 모양과 같습니다.

09 (1) 도형의 왼쪽 부분이 위쪽으로, 위쪽 부분이 오른쪽으로 이동했으므로 도형을 시계 방향으로 90°만큼 돌린 것입니다.

(2) 주어진 도형을 시계 방향으로 90°만큼 돌린 도형을 그립니다.

10 ① 위쪽으로 밀기:
도형의 모양과 크기가 변하지 않습니다.

② 아래쪽으로 13번 뒤집기:
아래쪽으로 1번 뒤집은 것과 같습니다.

③ 시계 방향으로 180°만큼 돌리기:
왼쪽 부분이 오른쪽으로, 위쪽 부분이 아래쪽으로 이동합니다.

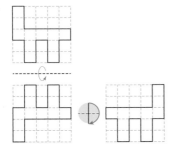

11 움직인 방법을 거꾸로 생각하여 이동합니다.
- 도형을 움직인 방법:
  위쪽으로 뒤집기
  → 시계 방향으로 180°만큼 돌리기
- 처음 도형을 구하는 방법:
  시계 반대 방향으로 180°만큼 돌리기
  → 아래쪽으로 뒤집기

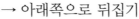
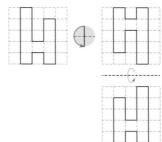

12 (1) ⓪<⑤<⑧<⑨이고, ⓪은 맨 앞에 놓을 수 없으므로 가장 작은 네 자리 수는 ⑤⓪⑧⑨입니다.

(2) ⑤⓪⑧⑨를 시계 반대 방향으로 180°만큼 돌렸을 때 생기는 수는 ⑥⑧⓪⑤입니다.

(3) 두 번째로 작은 네 자리 수는 ⑤⓪⑨⑧이고, 세 번째로 작은 네 자리 수는 ⑤⑧⓪⑨입니다.

(4) ⑤⑧⓪⑨를 시계 반대 방향으로 180°만큼 돌렸을 때 생기는 수는 ⑥⓪⑧⑤입니다.

(5) ⑥⑧⓪⑤－⑥⓪⑧⑤
＝720

memo

정답과 풀이

BOOK 2

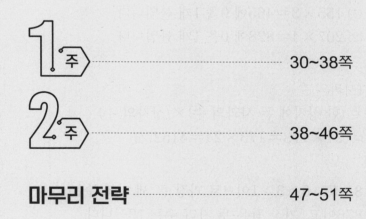
일등 전략 4-1

개념 돌파 전략 1 | 확인 문제 8~11쪽

01 8000

02 (1) 465 (2) 828

03 3065, 1226, 15325

04 173, 4152   05 876, 13, 11388

06 (위에서부터) (1) 6, 9, 5, 72295

    (2) 9, 1, 6, 9264

07 9   08 5, 135, 3

09 한   10 9, 252, 252, 13

11 984, 12   12 17, 9, 18

13 234, 26, 9

01 $4 \times 2 = 8$에 0을 3개 붙입니다.

02 (1) $155 \times 3 = 465$에 0을 1개 붙입니다.

    (2) $207 \times 4 = 828$에 0을 1개 붙입니다.

04 (사과의 수)

    = (한 상자에 든 사과의 수) × (상자의 수)

    ⇨ $24 \times 173 = 173 \times 24 = 4152$(개)

05 $8 > 7 > 6 > 3 > 1$이므로 가장 큰 세 자리 수는
    876이고, 가장 작은 두 자리 수는 13입니다.

    ⇨ $876 \times 13 = 11388$

06 $9 > 7 > 6 > 5 > 1$

가장 큰 곱이 나오는 곱셈식	가장 작은 곱이 나오는 곱셈식
$\begin{array}{r} 761 \\ \times\ 95 \\ \hline 72295 \end{array}$	$\begin{array}{r} 579 \\ \times\ 16 \\ \hline 9264 \end{array}$

07 $4 \times \square$의 일의 자리 숫자가 6이므로

    $\square = 4$ 또는 $\square = 9$입니다.

    $\square = 4$일 때: $364 \times 4 = 1456$ (×)

    $\square = 9$일 때: $364 \times 9 = 3276$ (○)

08 30 > 27로 나머지가 나누는 수보다 크므로 몫을
    1 크게 합니다.

09
$$\begin{array}{r} 8 \\ 40\overline{)325} \\ 320 \\ \hline 5 \end{array}$$
⇨ 몫은 한 자리 수입니다.

10 ■ ÷ ▲ = ● … ★

    ⇨ ▲ × ● = ◆, ◆ + ★ = ■

11 $9 > 8 > 4 > 3 > 2 > 1$
    나누어지는 수는 가장 크게 984로 하고,
    나누는 수는 가장 작게 12로 합니다.

12 $604 \div 35 = 17 \cdots 9$이므로 사과를 35개씩 17
    봉지에 담고 남은 9개를 1봉지에 담아야 합니
    다. 따라서 봉지는 적어도 $17 + 1 = 18$(개)가
    필요합니다.

13 (한 명에게 주는 밀가루의 양)

    = (밀가루의 양) ÷ (사람 수)

    ⇨ $234 \div 26 = 9$ (kg)

개념 돌파 전략 2 12~13쪽

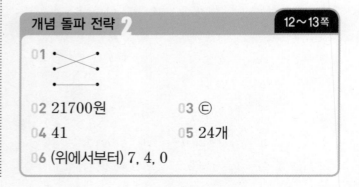

01

02 21700원   03 ©

04 41   05 24개

06 (위에서부터) 7, 4, 0

01 $600 \times 30 = 18000$, $500 \times 40 = 20000$,
$200 \times 70 = 14000$

02 50원짜리 동전이 134개 있으므로
$50 \times 134 = 134 \times 50 = 6700$(원)이고,
500원짜리 동전이 30개 있으므로
$500 \times 30 = 15000$(원)입니다.
$\Rightarrow 6700 + 15000 = 21700$(원)

03 ㉠ $428 \div 50$에서 $42 < 50$이므로
몫이 한 자리 수입니다.
㉡ $611 \div 63$에서 $61 < 63$이므로
몫이 한 자리 수입니다.
㉢ $276 \div 22$에서 $27 > 22$이므로
몫이 두 자리 수입니다.

04 몫이 가장 크려면 가장 큰 세 자리 수를 가장
작은 두 자리 수로 나누어야 합니다.
$9 > 5 > 4 > 3 > 2$이므로 가장 큰 세 자리 수는
954이고, 가장 작은 두 자리 수는 23입니다.
$\Rightarrow 954 \div 23 = 41 \cdots 11$

05 $836 \div 35 = 23 \cdots 31$이므로 35개씩 23상자에
담고 남은 복숭아를 담아야 하므로 복숭아를
모두 담으려면 상자는 적어도 $23 + 1 = 24$(개)
가 필요합니다.

06
```
    1 8 ㉠
  ×   2 3
    5 6 1
  3 7 ㉡
  4 3 ㉢ 1
```
$㉠ \times 3$의 일의 자리 숫자가 1이므로 $㉠ = 7$입
니다. $187 \times 2 = 374$이므로 $㉡ = 4$이고,
$561 + 3740 = 4301$이므로 $㉢ = 0$입니다.

필수 체크 전략 1   **14~17쪽**

1-1 24000	**1-2** 32000
2-1 성규	
3-1 ㉢	**3-2** ㉡
4-1 ㉡	**4-2** ㉢
5-1 39000원	**5-2** 48000원
6-1 5개	**6-2** 19개
7-1 15504	**7-2** 17983
8-1 12818	**8-2** 21315

1-1 $20 \times 400 = 8000$이므로 상자에 수를 넣으면
400이 곱해집니다. 따라서 이 상자에 60을 넣
으면 $60 \times 400 = 24000$이 나옵니다.

1-2 $50 \times 800 = 40000$이므로 상자에 수를 넣으면
800이 곱해집니다. 따라서 이 상자에 40을 넣
으면 $40 \times 800 = 32000$이 나옵니다.

2-1 (성규가 읽을 책의 쪽수)$= 110 \times 17 = 1870$(쪽)
(하늘이가 읽을 책의 쪽수)$= 40 \times 40 = 1600$(쪽)
$\Rightarrow 1870 > 1600$이므로 성규가 책을 더 많이
읽을 것입니다.

3-1 ㉠ $163 \div 14$에서 $16 > 14$이므로
몫이 두 자리 수입니다.
㉡ $572 \div 40$에서 $57 > 40$이므로
몫이 두 자리 수입니다.
㉢ $680 \div 78$에서 $68 < 78$이므로
몫이 한 자리 수입니다.
㉣ $390 \div 35$에서 $39 > 35$이므로
몫이 두 자리 수입니다.

3-2 ㉠ 421÷56에서 42<56이므로
　　몫이 한 자리 수입니다.
　　㉡ 980÷30에서 98>30이므로
　　몫이 두 자리 수입니다.
　　㉢ 258÷64에서 25<64이므로
　　몫이 한 자리 수입니다.
　　㉣ 700÷79에서 70<79이므로
　　몫이 한 자리 수입니다.

4-1 ㉠ 81÷19=4…5　　㉡ 74÷28=2…18
　　㉢ 93÷40=2…13　　㉣ 51÷17=3
　　따라서 나머지가 18>13>5>0이므로 나머
　　지가 가장 큰 식은 ㉡입니다.

4-2 ㉠ 55÷13=4…3　　㉡ 94÷26=3…16
　　㉢ 65÷16=4…1　　㉣ 76÷28=2…20
　　따라서 나머지가 1<3<16<20이므로 나머
　　지가 가장 작은 식은 ㉢입니다.

5-1 어른 20명의 입장료는 700×20=14000(원)
　　이고, 어린이 50명의 입장료는
　　500×50=25000(원)입니다.
　　따라서 입장료는 모두
　　14000+25000=39000(원)입니다.

5-2 청소년 40명의 버스 요금은
　　900×40=36000(원)이고, 초등학생 30명의
　　버스 요금은 400×30=12000(원)입니다.
　　따라서 버스 요금은 모두
　　36000+12000=48000(원)입니다.

6-1 사과와 배는 모두 49+23=72(개)입니다.
　　72÷16=4…8이므로 16개씩 4봉지에 담고
　　남은 8개도 담아야 합니다. 따라서 봉지는 적
　　어도 4+1=5(개)가 필요합니다.

6-2 공책은 모두 305−28=277(권)입니다.
　　277÷15=18…7이므로 15권씩 18상자에
　　담고 남은 7권도 담아야 합니다. 따라서 상자
　　는 적어도 18+1=19(개)가 필요합니다.

7-1 어떤 수를 □라고 하면 □+24=670입니다.
　　□=670−24=646이므로 바르게 계산한 값
　　은 646×24=15504입니다.

7-2 어떤 수를 □라고 하면 □−49=318입니다.
　　□=318+49=367이므로 바르게 계산한 값
　　은 367×49=17983입니다.

8-1 9>8>6>3>1이므로 가장 큰 세 자리 수는
　　986이고, 가장 작은 두 자리 수는 13입니다.
　　⇨ 986×13=12818

8-2 2<4<5<7<8이므로 가장 작은 세 자리 수
　　는 245이고, 가장 큰 두 자리 수는 87입니다.
　　⇨ 245×87=21315

필수 체크 전략 2	18~19쪽
01 340	**02** 1562개
03 ㉡	**04** ㉢, ㉡, ㉠, ㉣
05 24000원	**06** 13번
07 14910	**08** 9785

01 40×300=12000이므로 ㉠=300이고,
　　150×40=6000이므로 ㉡=40입니다.
　　⇨ ㉠+㉡=300+40=340

02 (정우가 가진 구슬 수)
$= 120 \times 13 = 1560$(개)
(수민이가 가진 구슬 수)
$= 30 \times 50 = 1500$(개)
(재혁이가 가진 구슬 수)
$= 142 \times 11 = 1562$(개)
⇨ 재혁이가 가진 구슬이 1562개로 가장 많습니다.

03 ㉠ $315 \div 26$에서 $31 > 26$이므로
몫이 두 자리 수입니다.
㉡ $622 \div 70$에서 $62 < 70$이므로
몫이 한 자리 수입니다.
㉢ $260 \div 28$에서 $26 < 28$이므로
몫이 한 자리 수입니다.
따라서 ㉡ $622 \div 70 = 8 \cdots 62$,
㉢ $260 \div 28 = 9 \cdots 8$이므로 몫이 가장 작은 식은 ㉡입니다.

04 ㉠ $810 \div 19 = 42 \cdots 12$
㉡ $470 \div 28 = 16 \cdots 22$
㉢ $633 \div 40 = 15 \cdots 33$
㉣ $265 \div 17 = 15 \cdots 10$
따라서 나머지가 $33 > 22 > 12 > 10$이므로 나머지가 가장 큰 식부터 차례로 쓰면 ㉢, ㉡, ㉠, ㉣입니다.

05 어른 20명의 입장료는 $700 \times 20 = 14000$(원)
이고, 어린이 40명의 입장료는
$300 \times 40 = 12000$(원)입니다.
입장료는 모두 $14000 + 12000 = 26000$(원)
이고, 5만 원을 내면 거스름돈으로
$50000 - 26000 = 24000$(원)을 받습니다.

06 $84 \times 6 = 504$, $504 + 10 = 514$이므로 귤은 모두 514상자입니다.
$514 \div 40 = 12 \cdots 34$이므로 적어도
$12 + 1 = 13$(번) 운반해야 합니다.

07 어떤 수를 ☐라 하면 ☐$+ 32 = 514$,
☐$= 514 - 32 = 482$입니다.
바르게 계산하면 $482 \times 32 = 15424$이므로 바르게 계산한 값과 잘못 계산한 값의 차는
$15424 - 514 = 14910$입니다.

08 $9 > 7 > 5 > 4 > 3 > 1 > 0$이므로 가장 작은 세 자리 수는 103이고, 가장 큰 두 자리 수는 97, 두 번째로 큰 두 자리 수는 95입니다.
⇨ $103 \times 95 = 9785$

가장 작은 수를 만들 때 가장 높은 자리에 0은 올 수 없어요.

1주 3일

1-1 6160 m　　　　**1-2** 3810번

2-1 358÷44＝8…6 ; 8개

2-2 423÷19＝22…5 ; 22도막

3-1 사탕, 2354개　　**3-2** 단추, 665개

4-1 ＞　　　　　　**4-2** ＝

5-1 70그루

6-1 54줄　　　　　**6-2** 60줄

7-1 (위에서부터) 2, 9, 6, 6

8-1 8375　　　　　**8-2** 59569

1-1 일주일은 7일이므로 2주일은 7×2＝14(일)
입니다.
따라서 민호가 2주 동안 달리는 거리는 모두
440×14＝6160 (m)입니다.

1-2 4월은 30일입니다.
따라서 재현이가 4월 한 달 동안 하게 되는 줄
넘기 횟수는 모두 127×30＝3810(번)입니다.

2-1 1 m＝100 cm이므로 3 m 58 cm＝358 cm
입니다.
358÷44＝8…6
⇨ 리본을 8개까지 만들 수 있고, 6 cm가 남
습니다.

2-2 1 m＝100 cm이므로 4 m 23 cm＝423 cm
입니다.
423÷19＝22…5
⇨ 철사를 22도막까지 자를 수 있고, 5 cm
가 남습니다.

3-1 초콜릿: 209×34＝7106(개)
사탕: 172×55＝9460(개)
⇨ 사탕이 초콜릿보다 9460－7106＝2354(개)
더 많습니다.

3-2 단추: 483×19＝9177(개)
옷핀: 224×38＝8512(개)
⇨ 단추가 옷핀보다 9177－8512＝665(개)
더 많습니다.

4-1 23×9＝207, 207＋11＝218이므로
㉮＝218이고,
41×4＝164, 164＋30＝194이므로
㉯＝194입니다.
따라서 218＞194이므로 ㉮＞㉯입니다.

4-2 54×6＝324, 324＋1＝325이므로
㉮＝325이고,
33×9＝297, 297＋28＝325이므로
㉯＝325입니다.
따라서 ㉮＝㉯입니다.

5-1 간격의 수는 612÷18＝34(군데)이므로 산책
길 한쪽에 가로수는 34＋1＝35(그루) 필요합
니다.
따라서 산책길 양쪽에 가로수는 모두
35×2＝70(그루) 필요합니다.

6-1 승규네 학교 학생은 모두 36×21＝756(명)
입니다.
756명이 한 줄에 14명씩 줄을 선다면
756÷14＝54(줄)이 됩니다.

6-2 서현이네 학교 학생은 모두
$20 \times 36 = 720$(명)입니다.
720명이 한 줄에 12명씩 줄을 선다면
$720 \div 12 = 60$(줄)이 됩니다.

7-1

```
        ㉠ 4
   38 ) ㉡ 2 ㉢
        7 6
      1 6 ㉣
      1 5 2
          1 4
```

$38 \times ㉠ = 76$이므로 ㉠$=2$입니다.
㉡$2 - 76 = 16$이므로 ㉡$2 = 16 + 76 = 92$,
㉡$=9$입니다.
$16㉣ - 152 = 14$이므로
$16㉣ = 14 + 152 = 166$, ㉣$=6$이고,
㉢$=㉣=6$입니다.

8-1 어떤 수를 □라고 하고 잘못 계산한 식을 쓰면
□$\div 25 = 13 \cdots 10$입니다.
$25 \times 13 = 325$, $325 + 10 = 335$이므로
□$=335$입니다.
따라서 바르게 계산하면 $335 \times 25 = 8375$입니다.

8-2 어떤 수를 □라고 하고 잘못 계산한 식을 쓰면
□$\div 17 = 48 \cdots 23$입니다.
$17 \times 48 = 816$, $816 + 23 = 839$이므로
□$=839$입니다.
따라서 바르게 계산하면 $839 \times 71 = 59569$입니다.

필수 체크 전략 2 | 24~25쪽

01 17010 m
02 $192 \div 35 = 5 \cdots 17$; 5개, 17 cm
03 19041 g
04 ㉯
05 33 m
06 58줄
07 (위에서부터) 5, 9, 5, 0
08 20, 13

01 1주일은 7일이므로 3주일은 $7 \times 3 = 21$(일)이고, 2주일은 $7 \times 2 = 14$(일)입니다.
승규가 3주 동안 달리는 거리는 모두
$530 \times 21 = 11130$ (m)이고,
재성이가 2주 동안 달리는 거리는 모두
$420 \times 14 = 5880$ (m)입니다.
$\Rightarrow 11130 + 5880 = 17010$ (m)

02 1 m$=100$ cm이므로
1 m 92 cm$=192$ cm입니다.
$192 \div 35 = 5 \cdots 17$
$\Rightarrow$ 리본을 5개까지 만들 수 있고, 17 cm가 남습니다.

03 (축구공의 무게)$=352 \times 25 = 8800$ (g)
(농구공의 무게)$=539 \times 19 = 10241$ (g)
$\Rightarrow$ 공의 무게는 모두
$8800 + 10241 = 19041$ (g)입니다.

04 $64 \times 3 = 192$, $192 + 1 = 193 \Rightarrow ㉮ = 193$
$22 \times 8 = 176$, $176 + 19 = 195 \Rightarrow ㉯ = 195$
$38 \times 4 = 152$, $152 + 34 = 186 \Rightarrow ㉰ = 186$
따라서 $195 > 193 > 186$이므로 ㉯가 가장 큽니다.

05 도로 한쪽에 세워진 전봇대는 $42 \div 2 = 21$(개) 이므로 전봇대 사이의 간격은 $21 - 1 = 20$(군데) 입니다. 따라서 전봇대 사이의 간격은 $660 \div 20 = 33$ (m)입니다.

06 민호네 학교 학생은 모두 $20 \times 34 = 680$, $680 + 16 = 696$(명)입니다.
696명이 한 줄에 12명씩 줄을 선다면 $696 \div 12 = 58$(줄)이 됩니다.

07
```
        2 1
4㉠) ㉡ 8 5
    9 0
    8 5
    4 ㉢
    4 ㉣
```
$4㉠ \times 2 = 90$이므로 $㉠ = 5$입니다.
$㉡8 - 90 = 8$이므로 $㉡8 = 8 + 90 = 98$, $㉡ = 9$입니다.
$45 \times 1 = 4㉢$이므로 $㉢ = 5$이고, $85 - 45 = 4㉣$이므로 $㉣ = 0$입니다.

08 어떤 수를 □라고 하고 잘못 계산한 식을 쓰면 $□ \div 42 = 11 \cdots 31$입니다.
$42 \times 11 = 462$, $462 + 31 = 493$이므로 $□ = 493$입니다.
따라서 바르게 계산하면 $493 \div 24 = 20 \cdots 13$ 입니다.

누구나 만점 전략 26~27쪽

01 $300 \times 30 = 9000$; 9000원

02 13, 1625

03

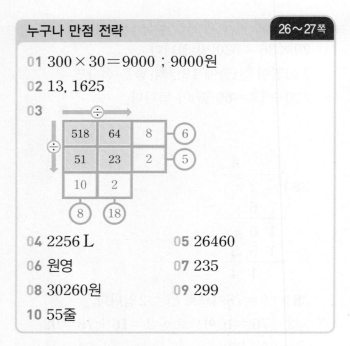

04 2256 L **05** 26460

06 원영 **07** 235

08 30260원 **09** 299

10 55줄

01 (저금통에 넣은 돈)
 $=$ (하루에 저금하는 돈) $\times$ (저금하는 날수)
 $\Rightarrow 300 \times 30 = 9000$(원)

02 $780 \div 60 = 13$,
 $13 \times 125 = 125 \times 13 = 1625$

03 $518 \div 64 = 8 \cdots 6$
 $51 \div 23 = 2 \cdots 5$
 $518 \div 51 = 10 \cdots 8$
 $64 \div 23 = 2 \cdots 18$

04 1시간은 60분이므로 3시간 8분 $=188$분입 니다.
 $\Rightarrow 12 \times 188 = 188 \times 12 = 2256$ (L)

05 $9 > 5 > 4 > 3$이므로 가장 큰 세 자리 수는 954, 두 번째로 큰 세 자리 수는 953, 세 번째 로 큰 세 자리 수는 945입니다.
 $\Rightarrow 945 \times 28 = 26460$

06 유진: $78 \div 12 = 6 \cdots 6$이므로 바구니 12개에 담고 6개가 남습니다.

원영: $56 \div 13 = 4 \cdots 4$이므로 바구니 4개에 담고 4개가 남습니다.

정환: $61 \div 14 = 4 \cdots 5$이므로 바구니 4개에 담고 5개가 남습니다.

➡ 남는 과일의 수가 가장 적은 사람은 원영이입니다.

07 $25 \times 9 = 225$, $225 + 10 = 235$

➡ $\square = 235$

08 (양파를 산 값)$= 940 \times 13 = 12220$(원)

(당근을 산 값)$= 820 \times 22 = 18040$(원)

➡ 양파와 당근을 산 값은 모두
$12220 + 18040 = 30260$(원)입니다.

09 $280 \div 70 = 4$이므로 280보다 큰 수 중에서 70으로 나누었을 때 나머지가 19가 되는 가장 작은 수는 몫이 4, 나머지가 19인 경우입니다.

➡ $\square \div 70 = 4 \cdots 19$,
$70 \times 4 = 280$, $280 + 19 = 299$이므로
$\square = 299$입니다.

참고

$■ \div ▲ = ● \cdots ★$

➡ $▲ \times ● = ◆$, $◆ + ★ = ■$

10 시원이네 학교 학생은 모두 $15 \times 44 = 660$(명)입니다.

660명이 한 줄에 12명씩 줄을 선다면
$660 \div 12 = 55$(줄)이 됩니다.

창의 · 융합 · 코딩 전략 | **28~31쪽**

01 17, 50 ; 17, 50

02 (위에서부터) 46, 83, 38512

03 383

04 4920

05 2

06 20048

07 (1) 2, 3, 1 (2) 8번 (3) 18분

01 $934 \div 52 = 17 \cdots 50$이므로 934에서 52만큼 빼기가 17번 반복되고, 남은 수는 50입니다.

02 $83 > 46 > 39 > 12$이므로 83과 46이 들어가야 합니다.

$$
\begin{array}{r}
8\ 3\ 4 \\
\times \quad 4\ 6 \\
\hline
5\ 0\ 0\ 4 \\
3\ 3\ 3\ 6 \quad \\
\hline
3\ 8\ 3\ 6\ 4
\end{array}
\qquad
\begin{array}{r}
4\ 6\ 4 \\
\times \quad 8\ 3 \\
\hline
1\ 3\ 9\ 2 \\
3\ 7\ 1\ 2 \quad \\
\hline
3\ 8\ 5\ 1\ 2
\end{array}
$$

➡ $38364 < 38512$이므로 곱이 가장 큰 곱셈식은 $454 \times 83 = 38512$입니다.

03 나누는 수가 48이므로 나머지가 될 수 있는 가장 큰 수는 47입니다.

(어떤 수)$\div 48 = 7 \cdots 47$

➡ $48 \times 7 = 336$, $336 + 47 = 383$

따라서 어떤 수가 될 수 있는 수 중에서 가장 큰 수는 383입니다.

04 ➡ : $328 \times 12 = 3936$

⬇ : $3936 \div 16 = 246$

⬅ : $246 \times 20 = 4920$

05 94▲16 ⇨ 94÷16의 몫이므로
94÷16=**5**…14에서 5입니다.
543♥27 ⇨ 543÷27의 나머지이므로
543÷27=20…**3**에서 3입니다.
⇨ 5-3=2

06 가×56=나 ⇨ 342×56=19152
19152는 20000보다 크지 않으므로
가=342+8=350
⇨ 350×56=19600입니다.
19600은 20000보다 크지 않으므로
가=350+8=358
⇨ 358×56=20048입니다.
20048은 20000보다 크므로 20048을 출력합니다.

07 (1) 통나무 도막 수는 통나무를 자른 횟수보다 1만큼 더 큽니다.
(2) 통나무를 자르는 횟수는 통나무 도막 수보다 1만큼 더 작으므로 9-1=8(번) 잘라야 합니다.
(3) 통나무를 한 번 자르는 데 135초가 걸리므로 9도막으로 자르는 데 걸리는 시간은 135×8=1080(초)입니다.
⇨ 60×18=1080이므로 18분입니다.

60초는 1분,
60분은 1시간
이에요.

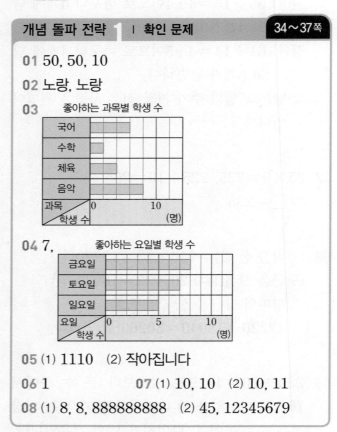

01 50, 50, 10

02 노랑, 노랑

03 좋아하는 과목별 학생 수

04 7, 좋아하는 요일별 학생 수

05 (1) 1110   (2) 작아집니다

06 1   **07** (1) 10, 10   (2) 10, 11

08 (1) 8, 8, 888888888   (2) 45, 12345679

03 체육은 4÷2=2(칸), 음악은 8÷2=4(칸)인 막대를 가로로 그립니다.

04 표에서 토요일을 좋아하는 학생은
20-8-5=7(명)입니다.
막대그래프에서 토요일은 가로 눈금 7칸인 막대를 그립니다.

05 (1) 1001-2111-3221-4331-5441이므로 1001부터 시작하여 ↘ 방향으로 1110씩 커집니다.
(2) 5001-4111-3221-2331-1441이므로 5001부터 시작하여 ↗ 방향으로 890씩 작아집니다.

07 (1) $130+210=340$

　　$130+220=350$

　　$130+230=360$

　　$130+240=370$

　　10씩 　　10씩

　　커집니다. 커집니다.

　⇨ 130에 10씩 커지는 수를 더하면 계산 결과가 10씩 커집니다.

　(2) $770\div10=77$

　　$660\div10=66$

　　$550\div10=55$

　　$440\div10=44$

　　110씩 　　11씩

　　작아집니다. 　작아집니다.

　⇨ 110씩 작아지는 수를 10으로 나누면 계산 결과가 11씩 작아집니다.

---

01 반별 안경을 쓴 학생 수

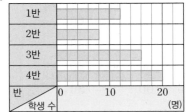

02 4칸

03 4217, 6317

04 8명

05 $552+146=698$

　; 예 십의 자리 수가 1씩 커지는 두 수의 합은 20씩 커집니다.

06 $1+2+3+4+5+6+7+6+5+4+3+2+1=49$

---

01 가로 눈금 한 칸이 2명을 나타내므로

1반: $12\div2=6$(칸),

2반: $8\div2=4$(칸),

3반: $16\div2=8$(칸),

4반: $20\div2=10$(칸)인 막대를 그립니다.

02 3반의 안경을 쓴 학생 수는 16명이고 $16\div4=4$이므로 막대는 4칸으로 그려야 합니다.

03 가로는 오른쪽으로 1000씩 커지므로 ■는 3217보다 1000 큰 4217이고, ●는 5317보다 1000 큰 6317입니다.

04 호주: 5명, 프랑스: 9명, 스페인: 4명

　⇨ 미국에 가 보고 싶은 학생은

　　$26-5-9-4=8$(명)입니다.

05 $512+106=618$

　　$522+116=638$

　　$532+126=658$

　　$542+136=678$

　　10씩 　　10씩 　　20씩

　　커집니다. 커집니다. 커집니다.

　⇨ 십의 자리 수가 1씩 커지는 두 수는 각각 10씩 커지므로 합은 20씩 커집니다.

06 계산 결과는 덧셈식의 가운데 수를 두 번 곱한 것과 같습니다.

49는 7×7이므로 7이 가운데 오는 덧셈식을 찾으면 여섯째 덧셈식 $1+2+3+4+5+6+7+6+5+4+3+2+1=49$입니다.

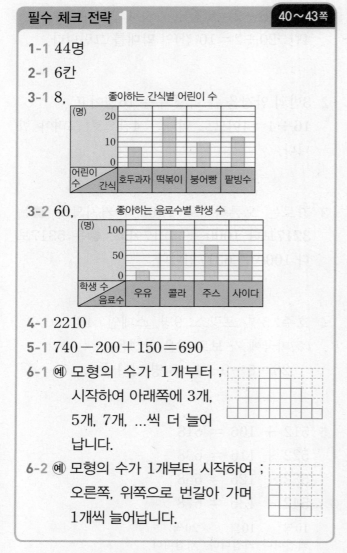

2주 2일

필수 체크 전략 1 40~43쪽

1-1 44명

2-1 6칸

3-1 8,

좋아하는 간식별 어린이 수

3-2 60,

좋아하는 음료수별 학생 수

4-1 2210

5-1 740−200+150=690

6-1 예 모형의 수가 1개부터 ; 시작하여 아래쪽에 3개, 5개, 7개, ...씩 더 늘어 납니다.

6-2 예 모형의 수가 1개부터 시작하여 ; 오른쪽, 위쪽으로 번갈아 가며 1개씩 늘어납니다.

1-1 가장 많은 혈액형은 막대의 길이가 가장 긴 A형입니다. 가로 눈금 한 칸이 20÷5=4(명)을 나타내므로 A형은 11×4=44(명)입니다.

2-1 세로 눈금 한 칸은 20명을 나타내므로 3학년 학생 수는 160명입니다.
　⇨ 1학년 학생 수는 160−40=120(명)이므로 세로 눈금 120÷20=6(칸)인 막대를 그려야 합니다.

3-1 (호두과자를 좋아하는 어린이 수)
　=50−20−10−12=8(명)
막대그래프의 세로 눈금 한 칸이 2명을 나타내므로 호두과자를 좋아하는 어린이는 세로 눈금 8÷2=4(칸)인 막대를 그립니다.

3-2 (사이다를 좋아하는 학생 수)
　=250−20−100−70=60(명)
막대그래프의 세로 눈금 한 칸이 10명을 나타내므로 사이다를 좋아하는 학생은 세로 눈금 60÷10=6(칸)인 막대를 그립니다.

4-1

2010	2210	2410	2610	2810
3010	3210	3410	3610	3810
4010	4210	4410	4610	4810
5010	5210	5410	5610	5810

5810부터 시작하여 1200씩 작아지는 수는 ╲ 방향에 있는 5810, 4610, 3410, 2210입니다. 따라서 각 칸을 색칠했을 때 가장 작은 수는 2210입니다.

5-1

순서	계산식
첫째	880−130+10=760
둘째	860−140+30=750
셋째	840−150+50=740
넷째	820−160+70=730

20씩 ← 10씩 20씩 →10씩
작아집니다. 커집니다. 커집니다. 작아집니다.

계산 결과가 690이 되는 경우는 여덟째 계산식입니다.
⇨ 740−200+150=690

6-1 모형의 수가 1개부터 시작하여 아래쪽에 3개, 5개, 7개, ...씩 더 늘어나므로 다섯째에 알맞은 모양은 넷째 모양에서 아래쪽에 9개가 더 늘어난 모양입니다.

6-2 모형의 수가 1개부터 시작하여 오른쪽에 1개, 위쪽에 1개씩 번갈아 가며 늘어나므로 여섯째에 알맞은 모양은 다섯째 모양에서 오른쪽에 1개가 늘어난 모양입니다.

필수 체크 전략 ❷ 〔44~45쪽〕

01 80명

02

마을별 사람 수

(명)				
200				
100				
0				
사람 수 ╲ 마을	가	나	다	라

03

6050	6100	6150	6200	6250
7050	7100	7150	7200	7250
8050	8100	8150	8200	8250
9050	9100	9150	9200	9250

; 8150

04 89, 789, 6789, 56789
; $1234567 + 9876543 - 7654321 = 3456789$

05 200, 60, 160

06

종류별 책의 수

(권)				
200				
100				
0				
책의 수 ╲ 종류	소설책	시집	만화책	과학책

07 예 사각형의 수가 1개부터 시작하여 왼쪽에 2개, 3개, 4개, ...씩 더 늘어납니다.

;

08 36개

---

01 막대의 길이가 가장 긴 것은 윷놀이로 110명이고, 가장 짧은 것은 팽이치기로 30명입니다.
⇨ $110 - 30 = 80$(명)

02 세로 눈금 한 칸은 20명을 나타냅니다.
가 마을 사람 수는 80명이고 $80 \times 2 = 160$, $160 - 20 = 140$이므로 라 마을 사람 수는 140명입니다.
⇨ 세로 눈금 $140 \div 20 = 7$(칸)인 막대를 그립니다.

03 6050부터 시작하여 1050씩 커지는 수는 ╲ 방향에 있는 6050, 7100, 8150, 9200입니다. 따라서 각 칸을 색칠했을 때 두 번째로 큰 수는 8150입니다.

05 막대그래프를 보면 소설책은 200권, 만화책은 160권입니다.
표를 보면 합계는 500권이고, 과학책은 80권이므로 (시집)$= 500 - 200 - 160 - 80 = 60$(권)입니다.

06 시집은 60권, 과학책은 80권이므로 각각 세로 눈금 $60 \div 20 = 3$(칸), $80 \div 20 = 4$(칸)인 막대를 그립니다.

07 사각형의 수가 1개부터 시작하여 왼쪽에 2개, 3개, 4개, ...씩 더 늘어나므로 다섯째 도형은 넷째 도형에서 왼쪽에 5개가 더 늘어난 모양입니다.

08 사각형의 수가 1개, 3개, 6개, 10개, ...로 2개, 3개, 4개, ...씩 더 늘어납니다. 따라서 여덟째에 알맞은 도형에서 사각형의 수는 $1 + 2 + 3 + 4 + 5 + 6 + 7 + 8 = 36$(개)입니다.

정답과 풀이

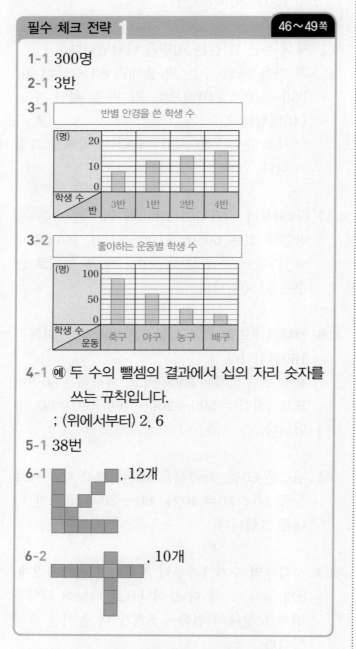

2주 3일

필수 체크 전략 1

46~49쪽

1-1 300명

2-1 3반

3-1

반별 안경을 쓴 학생 수			

(명) 20 / 10 / 0

학생 수 / 반 : 3반, 1반, 2반, 4반

3-2

좋아하는 운동별 학생 수			

(명) 100 / 50 / 0

학생 수 / 운동 : 축구, 야구, 농구, 배구

4-1 예 두 수의 뺄셈의 결과에서 십의 자리 숫자를 쓰는 규칙입니다.
; (위에서부터) 2, 6

5-1 38번

6-1 , 12개

6-2 , 10개

1-1 세로 눈금 한 칸은 10명을 나타내므로
원숭이: 100명, 사자: 60명, 곰: 90명,
호랑이: 50명입니다.
⇨ (조사한 전체 학생 수)
$=100+60+90+50=300$(명)

2-1 1반: $7+10=17$(명)
2반: $9+9=18$(명)
3반: $9+7=16$(명)
4반: $11+8=19$(명)
⇨ $16<17<18<19$이므로 학생 수가 가장 적은 반은 3반입니다.

3-1 $8<12<14<16$이므로 안경을 쓴 학생 수가 적은 반부터 차례로 쓰면 3반, 1반, 2반, 4반 입니다. 막대그래프의 가로에 3반, 1반, 2반, 4반을 차례로 쓰고, 세로 눈금 한 칸이 2명을 나타내므로 각각 4칸, 6칸, 7칸, 8칸인 막대를 그립니다. 마지막에 제목을 씁니다.

3-2 $90>60>30>20$이므로 좋아하는 학생 수가 많은 운동부터 차례로 쓰면 축구, 야구, 농구, 배구입니다. 막대그래프의 가로에 축구, 야구, 농구, 배구를 차례로 쓰고, 세로 눈금 한 칸이 10명을 나타내므로 각각 9칸, 6칸, 3칸, 2칸인 막대를 그립니다. 마지막에 제목을 씁니다.

4-1 $218-130=88$, $228-130=98$,
$238-130=108$, $248-130=118$이므로 두 수의 뺄셈의 결과에서 십의 자리 숫자를 쓰는 규칙입니다.
$248-120=128$, $218-150=68$이므로 빈 칸에 알맞은 수는 2, 6입니다.

5-1 한 열씩 뒤로 갈 때마다 좌석 번호는 8씩 커집니다.
⇨ E열 오른쪽에서 세 번째 자리는
$6+8+8+8+8=38$(번)입니다.

6-1 파란색 사각형을 기준으로 빨간색 사각형이 위쪽, ↗ 방향, 오른쪽으로 각각 1개씩 늘어납니다.

다섯째에 알맞은 도형은 넷째 도형에서 빨간색 사각형이 위쪽, ↗ 방향, 오른쪽으로 각각 1개씩 늘어난 도형입니다.

찾을 수 있는 빨간색 사각형은 모두 12개입니다.

6-2 파란색 사각형을 기준으로 빨간색 사각형이 시계 방향으로 1개, 2개, 3개, ...로 늘어납니다.

다섯째에 알맞은 도형은 넷째 도형에서 빨간색 사각형이 왼쪽으로 4개 늘어난 도형입니다.

찾을 수 있는 빨간색 사각형은 모두 10개입니다.

필수 체크 전략 2   50~51쪽

01 116명

02 2반, 3반, 1반, 4반

03
좋아하는 장난감별 학생 수

(명) 20 0			
학생 수 / 장난감	로봇	인형	퍼즐	게임기

04
좋아하는 장난감별 학생 수

게임기			
퍼즐			
인형			
로봇			
장난감 / 학생 수	0 10 20 (명)

---

05 예 두 수의 곱셈의 결과에서 백의 자리 숫자를 쓰는 규칙입니다.
; (위에서부터) 9, 2, 2

06 430번

07 예 파란색 사각형을 중심으로 시계 반향으로 돌면서 빨간색 사각형이 1개씩 늘어나는 규칙입니다.

08

01 가로 눈금 한 칸은 4명을 나타내므로
새우: 40명, 오징어: 24명, 게: 36명,
조개: 16명입니다.
⇨ (조사한 전체 학생 수)
＝40＋24＋36＋16
＝116(명)

02 1반: 9＋9＝18(명)
2반: 10＋11＝21(명)
3반: 11＋8＝19(명)
4반: 8＋9＝17(명)
⇨ 21＞19＞18＞17이므로 학생 수가 많은 반부터 차례로 쓰면 2반, 3반, 1반, 4반입니다.

03 8＜12＜16＜20이므로 좋아하는 학생 수가 적은 장난감부터 차례로 쓰면 로봇, 인형, 퍼즐, 게임기입니다. 막대그래프의 가로에 로봇, 인형, 퍼즐, 게임기를 차례로 쓰고, 세로 눈금 한 칸이 4명을 나타내므로 각각 2칸, 3칸, 4칸, 5칸인 막대를 그립니다.

04 막대그래프의 세로에 게임기, 퍼즐, 인형을 차례로 쓰고, 8명을 가로 눈금 4칸인 막대로 그렸으므로 가로 눈금 한 칸은 $8 \div 4 = 2$(명)을 나타냅니다.

따라서 가로 눈금 5칸에는 10, 10칸에는 20을 쓰고, 위에서부터 10칸, 8칸, 6칸인 막대를 그립니다.

05 $120 \times 21 = 2520$, $220 \times 21 = 4620$,
$320 \times 21 = 6720$, $420 \times 21 = 8820$
두 수의 곱셈의 결과에서 백의 자리 숫자를 쓰는 규칙입니다.
$320 \times 31 = 9920 \Rightarrow 9$
$420 \times 41 = 17220 \Rightarrow 2$
$220 \times 51 = 11220 \Rightarrow 2$

06 사물함 번호가 아래쪽으로 70씩 커지므로 위에서 네 번째 줄 첫 번째 사물함 번호는
$240 + 70 = 310$(번), 다섯 번째 줄 첫 번째 사물함 번호는 $310 + 70 = 380$(번)입니다.
오른쪽으로 10씩 커지므로 경민이의 사물함 번호는
$380 + 10 + 10 + 10 + 10 + 10 = 430$(번)입니다.

07 사각형의 수가 2개부터 시작하여 빨간색 사각형이 1개씩 늘어납니다.
파란색 사각형을 중심으로 시계 방향으로 돌리기 한 것입니다.

08 파란색 사각형을 중심으로 시계 방향으로 돌면서 빨간색 사각형이 1개씩 늘어나는 규칙입니다.

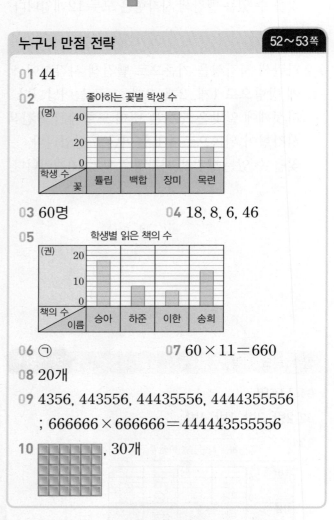

누구나 만점 전략
52~53쪽

01 44

02
좋아하는 꽃별 학생 수

(명)	튤립	백합	장미	목련

03 60명

04 18, 8, 6, 46

05
학생별 읽은 책의 수

(권)	승아	하준	이한	송희

06 ㉠

07 $60 \times 11 = 660$

08 20개

09 4356, 443556, 44435556, 4444355556
; $666666 \times 666666 = 444443555556$

10 , 30개

01 (장미를 좋아하는 학생 수)
$= 120 - 24 - 36 - 16 = 44$(명)

02 세로 눈금 한 칸은 $20 \div 5 = 4$(명)을 나타냅니다.
$\Rightarrow$ 튤립: $24 \div 4 = 6$(칸), 백합: $36 \div 4 = 9$(칸)
장미: $44 \div 4 = 11$(칸), 목련: $16 \div 4 = 4$(칸)
인 막대를 그립니다.

03 가로 눈금 한 칸은 50÷5=10(명)을 나타냅니다.

가장 많은 학생들이 좋아하는 음식은 라면으로 100명이고, 가장 적은 학생들이 좋아하는 음식은 족발로 40명입니다.

⇨ 100−40=60(명)

04 막대그래프를 보면 승아가 읽은 책은 18권, 이한이가 읽은 책은 6권입니다.

하준이는 승아보다 10권 더 적게 읽었으므로 18−10=8(권)을 읽었습니다.

⇨ (합계)=18+8+6+14=46(권)

05 세로 눈금 한 칸은 10÷5=2(권)을 나타내므로 하준이가 읽은 책의 수는 8÷2=4(칸),

송희가 읽은 책의 수는 14÷2=7(칸)인 막대를 그립니다.

06 ㉠ 696, 596, 496, 396과 같이 백의 자리 수가 1씩 작아지는 수에서 474, 374, 274, 174와 같이 백의 자리 수가 1씩 작아지는 수를 빼면 차는 222로 일정합니다.

07 20, 30, 40, ...과 같이 10씩 커지는 수에 11을 곱하면 계산 결과는 110씩 커집니다.

08 모형의 수가 4개 — 8개 — 12개 — 16개이므로 다섯째에 알맞은 모형은 16+4=20(개)입니다.
  +4   +4   +4

09 계산 결과는 순서가 올라갈수록 자리 수가 2자리씩 늘어나고 4의 개수와 5의 개수는 그 순서와 같습니다. 4의 뒤에 3이, 5의 뒤에 6이 1개씩 나옵니다.

10 사각형이 가로와 세로로 각각 1개씩 늘어나는 직사각형 모양이므로 다섯째 도형은 넷째 도형에서 가로와 세로로 각각 1개씩 늘어난 직사각형 모양입니다.

따라서 다섯째에 알맞은 도형은 사각형이 가로로 6개, 세로로 5개인 직사각형 모양이고, 사각형은 모두 6×5=30(개)입니다.

창의·융합·코딩 전략 **54~57쪽**

01 5명

02 32명

03 (1) 1개

(2) (위에서부터) 9, 12, 9 ; 13, 11, 8 ; 13, 10, 8 ; 9, 3, 9 ; 6, 4, 10

(3) 베이징

04 3, 9, 3 ; 5, 14, 5

05 예 파란색 삼각형의 수가 1개부터 시작하여 3배로 늘어납니다. ; 243개

06 (1) 오른쪽에 ○표, 2 ; 위쪽에 ○표, 1 ; ╱에 ○표, 1

(2) 넷째

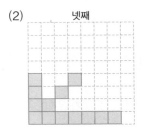

---

01 (국어)＋(수학)＋(사회)＋(과학)＝24,
5＋(수학)＋(사회)＋6＝24,
11＋(수학)＋(사회)＝24, (수학)＋(사회)＝13
(수학)＝(사회)－5이므로
(사회)－5＋(사회)＝13, (사회)＋(사회)＝18,
(사회)＝9, (수학)＝9－5＝4입니다.
⇨ 과목별 좋아하는 학생 수를 비교하면
9＞6＞5＞4이므로 좋아하는 학생이 가장
많은 과목과 가장 적은 과목의 학생 수의
차는 9－4＝5(명)입니다.

02 모든 막대의 칸 수의 합은
8＋10＋2＋5＝25(칸)이고 전체 학생 수는
100명이므로 가로 눈금 한 칸의 크기는
100÷25＝4(명)입니다. 드라마를 좋아하는
학생은 8칸이므로 4×8＝32(명)입니다.

03 (1) 세로 눈금 5칸이 5개를 나타내므로 세로 눈
금 한 칸은 1개를 나타냅니다.
(3) 아테네: 9＋12＋9＝30(개)
베이징: 13＋11＋8＝32(개)
런던: 13＋10＋8＝31(개)
리우데자네이루: 9＋3＋9＝21(개)
도쿄: 6＋4＋10＝20(개)
⇨ 32＞31＞30＞21＞20이므로 획득한
메달의 수가 가장 많았던 올림픽의 개최
지는 베이징입니다.

04 • ↗ 방향의 세 수의 합은 가운데 수의 3배와
같습니다.
• ↘ 방향의 다섯 수의 합은 가운데 수의 5배
와 같습니다.

05

순서	첫째	둘째	셋째	넷째
파란색 삼각형의 수(개)	1	3	9	27

1×3＝3, 3×3＝9, 9×3＝27이므로 파란
색 삼각형의 수가 1개부터 시작하여 3배로 늘
어납니다.
⇨ 다섯째: 27×3＝81(개),
여섯째: 81×3＝243(개)

06 (1) • 오른쪽 방향으로 2칸 색칠했습니다.
• 위쪽 방향으로 1칸 색칠했습니다.
• ↗ 방향으로 1칸 색칠했습니다.
(2) 셋째 도형에서 오른쪽 방향에 2칸, 위쪽 방
향에 1칸, ↗ 방향에 1칸 더 색칠합니다.

도형의 배열에서
도형의 개수가 어떻게
변하는지, 색깔이 어떻게
변하는지 보고 규칙을
찾을 수 있어요.

01 (왼쪽에서부터) 780, 10800, 36

02 (1) 빨간, 파란   (2) 70, 30

03 (1) 12번   (2) 336초   (3) 5분 36초

04 $\boxed{7}\boxed{4}\boxed{1} \times \boxed{8}\boxed{2} = \boxed{60762}$

; TRUTH

05 예 상추

; 예 상추를 심고 싶어 하는 학생이 가장 많으므로 윤수네 반 학생들이 작물 한 가지를 심는다면 상추를 심는 것이 가장 좋을 것 같습니다.

06 서하

07 (1) 예 점의 수가 1개부터 시작하여 2개, 3개, 4개, ...씩 더 늘어납니다.

(2) 15개

08 (1) (위에서부터) 4, 5, 10, 10, 5

(2) 2, 3, 4

01

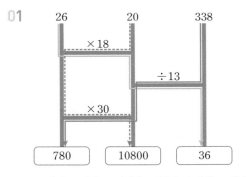

- $26 \times 18 = 468$, $468 \div 13 = 36$
- $20 \times 18 = 360$, $360 \times 30 = 10800$
- $338 \div 13 = 26$, $26 \times 30 = 780$

02 (1) $840 \div 35 = 24$, $840 \div 15 = 56$이므로 840을 빨간색 칸에 쓰여 있는 수로 나눈 몫을 파란색 칸에 쓰는 규칙입니다.

(2) $840 \div 12 = 70$이므로 ㉠=70이고, $840 \div 28 = 30$이므로 ㉡=30입니다.

03 (1) (나무 막대를 자르는 횟수)
$= 13 - 1 = 12$(번)

(2) (13도막으로 자르는 데 걸리는 시간)
$= 28 \times 12 = 336$(초)

(3) $336 \div 60 = 5 \cdots 36$이므로 336초는 5분 36초입니다.

04 곱이 가장 크게 되려면 두 자리 수의 십의 자리에 가장 큰 수를 써야 합니다.
남은 수의 크기를 비교하여 곱이 가장 크게 되는 곱셈식을 완성하면 $741 \times 82 = 60762$입니다.
60762를 암호문에 맞게 알파벳으로 나타내면 TRUTH입니다.

06 재희: $9 + 7 + 9 = 25$(점)
승현: $10 + 10 + 5 = 25$(점)
서하: $8 + 9 + 9 = 26$(점)
민주: $4 + 9 + 10 = 23$(점)
⇨ $26 > 25 > 23$이므로 점수가 가장 좋은 학생은 서하입니다.

07 (2) 다섯째에 알맞은 삼각형 모양에서 점은 넷째보다 5개 더 많은 $10 + 5 = 15$(개)입니다.

08 (1) 삼각형의 양쪽 끝 칸의 수는 모두 1이고, 바로 위의 왼쪽 칸의 수와 오른쪽 칸의 수의 합을 아래에 쓰는 규칙입니다.
위에서부터 차례로 $1 + 3 = 4$, $1 + 4 = 5$, $4 + 6 = 10$, $6 + 4 = 10$, $4 + 1 = 5$입니다.

(2) $1 + 2 = 3$, $3 + 3 = 6$, $6 + 4 = 10$이므로 1부터 시작하여 ↘ 방향으로 2, 3, 4씩 더 커집니다.

BOOK 2

고난도 해결 전략 1회	64~67쪽

01 650   **02** 11580번

03 $327 \div 52 = 6 \cdots 15$; 6명, 15 cm

04 ㉢, ㉡, ㉣, ㉠   **05** ㉯

06 57줄

07 (1) 633   (2) 25953   (3) 26545

08 19번   **09** 10356

10 (위에서부터) 2, 6 ; 8, 3, 3, 9, 1

11 35828   **12** 392, 46

13 17개   **14** 17일

01 $140 \times 50 = 7000$이므로 ㉠$=50$이고,
$20 \times 700 = 14000$이므로 ㉡$=700$입니다.
⇨ ㉡$-$㉠$=700-50=650$

02 6월은 30일, 7월은 31일입니다.
$200 \times 30 = 6000$(번),
$180 \times 31 = 5580$(번)
⇨ 두 사람이 줄넘기를 한 횟수는 모두
$6000+5580=11580$(번)입니다.

03 $1 \text{ m} = 100 \text{ cm}$이므로 $3 \text{ m } 27 \text{ cm} = 327 \text{ cm}$
입니다.
$327 \div 52 = 6 \cdots 15$
⇨ 철사를 6명까지 나누어 줄 수 있고, 15 cm
가 남습니다.

04 ㉠ $680 \div 31 = 21 \cdots 29$
㉡ $294 \div 12 = 24 \cdots 6$
㉢ $507 \div 28 = 18 \cdots 3$
㉣ $838 \div 46 = 18 \cdots 10$
따라서 나머지가 $3 < 6 < 10 < 29$이므로 나머
지가 가장 작은 식부터 차례로 기호를 쓰면
㉢, ㉡, ㉣, ㉠입니다.

05 $51 \times 3 = 153$, $153 + 30 = 183$이므로
㉠는 183입니다.
$29 \times 6 = 174$, $174 + 4 = 178$이므로
㉯는 178입니다.
$44 \times 7 = 308$, $308 + 21 = 329$이므로
㉰는 329입니다.
따라서 $178 < 183 < 329$이므로 ㉯가 가장 작
습니다.

06 $15 \times 53 = 795$, $795 + 3 = 798$이므로
웅빈이네 학교 학생은 798명입니다.
798명이 한 줄에 14명씩 줄을 선다면
$798 \div 14 = 57$(줄)이 됩니다.

07 (1) 어떤 수를 □라 하면 □$-41=592$,
□$=592+41=633$입니다.
(2) $633 \times 41 = 25953$
(3) $25953 + 592 = 26545$

08 $67 \times 8 = 536$, $536 + 10 = 546$이므로 사과는
모두 546상자입니다.
$546 \div 30 = 18 \cdots 6$이므로 사과를 트럭 한 대
에 30상자씩 실어 모두 운반하려면 적어도
$18 + 1 = 19$(번) 운반해야 합니다.

09 $8 > 6 > 4 > 3 > 2 > 1 > 0$이므로 가장 큰 세
자리 수는 864, 두 번째로 큰 세 자리 수는
863이고, 가장 작은 두 자리 수는 10, 두 번째
로 작은 두 자리 수는 12입니다.
⇨ $863 \times 12 = 10356$

10

$$32 \overline{)\begin{array}{l} \boxed{\text{㉠}}\ \boxed{\text{㉡}} \\ \boxed{\text{㉢}}\ 4\ \boxed{\text{㉣}} \end{array}}$$

```
           ㉠ ㉡
  32 ) ㉢  4  ㉣
        6  4
        2  0  ㉤
        1  ㉥  2
           ㉦  1
```

$32 \times ㉠ = 64 \Rightarrow ㉠ = 2$

$㉢4 - 64 = 20 \Rightarrow ㉢ = 8$

$㉤ - 2 = 1 \Rightarrow ㉤ = 3$이고, $㉣ = ㉤ = 3$입니다.

$32 \times ㉡$의 일의 자리 숫자가 2이므로

$㉡ = 1$ 또는 $㉡ = 6$입니다.

$32 \times 1 = 32(\times)$, $32 \times 6 = 192(\bigcirc)$

$\Rightarrow ㉡ = 6$, $㉥ = 9$

$203 - 192 = ㉦1 \Rightarrow ㉦ = 1$

11 어떤 수를 □라고 하고 잘못 계산한 식을 쓰면
□÷35＝19…11입니다.

$35 \times 19 = 665$, $665 + 11 = 676$이므로
□＝676입니다.

따라서 바르게 계산하면 $676 \times 53 = 35828$입니다.

12 큰 수를 ■, 작은 수를 ●라고 할 때

■－●＝346이고, ■÷●＝8…24입니다.

■＝●＋346이고, ●×8에 24를 더하면
■입니다.

■－24＝●×8이므로

●＋346－24＝●×8,

●＋322＝●×8, ●×7＝322, ●＝46이고

■＝46＋346＝392입니다.

13 25로 나누었을 때의 나머지는 25보다 작아야
하고, $25 \times 8 = 200$, $25 \times 28 = 700$이므로
200보다 크고 700보다 작은 수 중에서 25로

나누었을 때 몫과 나머지가 같은 수는 다음과
같습니다.

몫이 8, 나머지가 8인 수:

$25 \times 8 = 200$, $200 + 8 = 208$

몫이 9, 나머지가 9인 수:

$25 \times 9 = 225$, $225 + 9 = 234$

$\vdots$

몫이 24, 나머지가 24인 수:

$25 \times 24 = 600$, $600 + 24 = 624$

따라서 200보다 크고 700보다 작은 수 중에서 25로 나누었을 때 몫과 나머지가 같은 수는 몫과 나머지가 각각 8부터 24까지의 수인 경우이므로 모두 17개입니다.

14 5월은 31일이고 한 달 동안 매일 340원씩 모았다고 하면 $340 \times 31 = 10540$(원)입니다.

$10540 - 9580 = 960$(원)이고,

$340 - 280 = 60$(원)이므로 $960 \div 60 = 16$(일)
동안 280원씩 모았습니다. 따라서 17일부터
340원씩 모았습니다.

나눗셈에서
나머지는 항상 나누는
수보다 작아요.

고난도 해결 전략 2회 68~71쪽

01 60명

02 54명

03

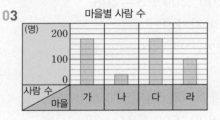

마을별 사람 수

04 40, 70, 50

;

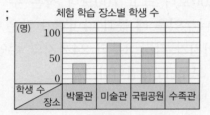

체험 학습 장소별 학생 수

05 (1) 64명, 74명, 68명, 80명

(2) 가 모임, 다 모임, 나 모임, 라 모임

06 (1)

마을별 나무 수

(2)

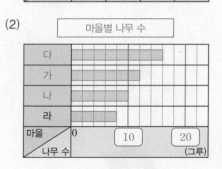

마을별 나무 수

07 (1) 11번 (2) 34점 (3) 7번

08 1188, 2277, 3366, 4455 ; 99×78=7722

09 예 큰 수를 작은 수로 나누었을 때의 나머지를 쓰는 규칙입니다.

; (위에서부터) 8, 11, 0

10

1111	1311	1511	1711	1911
3111	3311	3511	3711	3911
5111	5311	5511	5711	5911
7111	7311	7511	7711	7911
9111	9311	9511	9711	9911

; 3511

11 (1) 예 바둑돌의 수가 1개부터 시작하여 2개, 3개, 4개, ...씩 더 늘어나는 규칙입니다.

(2)

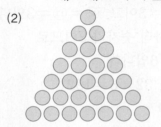

12 (1) 일곱째 (2) 32개

01 막대의 길이가 가장 긴 것은 사과로 100명이고, 가장 짧은 것은 배로 40명입니다.

⇨ 100−40=60(명)

02 가로 눈금 한 칸은 2명을 나타내므로

A형: 10명, B형: 16명,

O형: 22명, AB형: 6명

⇨ (조사한 전체 학생 수)

=10+16+22+6=54(명)

03 세로 눈금 한 칸은 20명을 나타냅니다.

나 마을 사람 수는 40명이고 40×4=160,

160+20=180이므로 다 마을 사람 수는 180명입니다.

⇨ 다 마을에 세로 눈금 180÷20=9(칸)인 막대를 그립니다.

04 막대그래프를 보면 박물관: 40명, 국립공원: 70명입니다.

표를 보면 합계는 240명이고, 미술관은 80명이므로 (수족관)=240−40−80−70=50(명)입니다.

미술관은 80명, 수족관은 50명이므로 막대그래프에 각각 80÷10=8(칸), 50÷10=5(칸)인 막대를 그립니다.

05 (1) 가 모임: 28+36=64(명)
나 모임: 40+34=74(명)
다 모임: 34+34=68(명)
라 모임: 38+42=80(명)

(2) 64<68<74<80이므로 학생 수가 적은 모임부터 차례로 쓰면 가 모임, 다 모임, 나 모임, 라 모임입니다.

06 (1) 8<10<12<16이므로 나무 수가 적은 마을부터 차례로 쓰면 라 마을, 나 마을, 가 마을, 다 마을입니다. 막대그래프의 가로에 라, 나, 가, 다를 차례로 쓰고, 세로 눈금 한 칸이 1그루를 나타내므로 각각 8칸, 10칸, 12칸, 16칸인 막대를 그립니다.

(2) 막대그래프의 세로에 다, 가, 나를 차례로 씁니다. 8명을 4칸인 막대로 그렸으므로 한 칸은 8÷4=2(명)을 나타냅니다. 따라서 가로 눈금 5칸에는 10, 10칸에는 20을 쓰고, 위에서부터 8칸, 6칸, 5칸, 4칸인 막대를 그립니다.

07 (1) (2점과 5점에 맞힌 횟수의 합)
=30−3−11−5=11(번)

(2) (2점과 5점에 맞혀서 얻은 점수의 합)
=90−3−33−20=34(점)

(3) 2점에 맞힌 횟수를 ■번, 5점에 맞힌 횟수를 ▲번이라 할 때, ■+▲=11, ■×2와 ▲×5의 합은 34인 수를 찾습니다.

■=7, ▲=4일 때 ■×2=7×2=14, ▲×5=4×5=20이므로 14+20=34입니다. 따라서 2점에 맞힌 횟수는 7번입니다.

08 99에 곱하는 수가 12부터 11씩 커지면 곱은 1188부터 천의 자리 수와 백의 자리 수는 각각 1씩 커지고, 십의 자리 수와 일의 자리 수는 각각 1씩 작아집니다.

09 $128÷10=12\cdots8$, $129÷10=12\cdots9$, $130÷10=13$ ⇨ 나머지 0, $131÷10=13\cdots1$
큰 수를 작은 수로 나누었을 때의 나머지를 쓰는 규칙입니다.
$129÷11=11\cdots8$, $131÷12=10\cdots11$, $130÷13=10$ ⇨ 나머지 0

10 7911부터 시작하여 2200씩 작아지는 수는 ╲ 방향에 있는 7911, 5711, 3511, 1311입니다. 따라서 각 칸을 색칠하고, 색칠한 수 중 두 번째로 작은 수는 3511입니다.

11 (1) 바둑돌 수가 1 − 3 − 6 − 10 − …으로 2개, 3개, 4개, …씩 더 늘어나는 규칙입니다.

(2) 일곱째 모양은 넷째 모양의 바둑돌 10개에서 5개, 6개, 7개가 더 늘어난 모양입니다.

12 (1) 보라색 모양은 1개, 2×2=4(개), 3×3=9(개), 4×4=16(개), …이므로 일곱째에 7×7=49(개)입니다.

(2) 한 변에 놓인 주황색 모양은 보라색 모양보다 2개씩 많고 보라색 모양이 49개 놓인 도형에 보라색 모양은 한 변에 7개씩 놓이므로 주황색 모양은 한 변에 9개씩 놓입니다.
⇨ 9×4=36, 36−4=32이므로 32개입니다.

memo

수학 문제해결력 강화 교재

AI인공지능을 이기는 인간의 **독해력 + 창의·사고력 UP**

수학도
독해가 힘이다

새로운 유형

문장제, 서술형, 사고력 문제 등
까다로운 유형의 문제를
쉬운 해결전략으로 연습

취약점 보완

연산·기본 문제는 잘 풀지만,
문장제나 사고력 문제를 힘들어하는
학생들을 위한 맞춤 교재

체계적 시스템

문제해결력 – 수학 사고력 –
수학 독해력 – 창의·융합·코딩으로
이어지는 체계적 커리큘럼

수학도 독해가 필수!
(초등 1~6학년/학기용)

정답은
이안에
있어!